世界的家具ブランドを確立した
小さなメーカーの生き残り戦略

進撃の地場産業

樺島雄大
KABASHIMA TAKEHIRO

幻冬舎MC

世界的家具ブランドを確立した
小さなメーカーの生き残り戦略

進撃の地場産業

はじめに

日本の地場産業は近年、衰退の一途をたどっています。人口減少と消費者ニーズの変化による地場産品の需要の激減、旧態依然とした経営などの要因によって地場産業の経営は厳しい状況に追い込まれています。加えて後継者難から事業承継もままならず、廃業や倒産の危機を迎える企業も存在します。

このままでは地場産業に携わる地域密着型の企業は減少し続け、脈々と受け継がれてきた日本の職人の技巧が失われていくことは明らかです。日本らしい丁寧で誠実な仕事を未来へ受け継ぐためにも、さらには地域全体の持続的な発展を促すためにも、地場産業関連の企業の意識改革と地場産品の時代に合わせた進化が必要なのです。

私が生まれた佐賀県佐賀市諸富町（もろどみちょう）は、筑後川を挟んで隣接する福岡県大川市とともに、家具づくりの産地として栄えてきました。父は諸富家具をつくる会社を営んでおり、私は高校卒業とともに父のもとで職人の技術を学びながら、まもなく経営にも関わるようになります。

しかし、下請け家具メーカーとしての経営を続けるなかで、海外家具メーカーが続々と日本の家具市場に参入する逆風も吹いていました。このまま何もせずにいたら価格競争に負けて経営不振に陥る未来が見えてきたのです。加えてバブル崩壊を皮切りに消費者の需要が大きく変わり、同じものをつくっていれば売れ続ける大量消費の時代が終わりを告げている予感もありました。

長きにわたって親しまれる家具メーカーになるためには、大量生産の下請けから脱却しなければならない。諸富家具の職人が持つ技術なら、消費者の需要に合わせて伝統と魅力が詰まった家具を創出できる――そう考えた私は、27歳で経営を引き継ぐと同時に組織体制や経営方針の革新を進めたのです。

下請けから脱却するためには大きな変革が必要でした。すなわちＢtoＢからＢtoＣへの転換です。消費者ニーズに合わせた家具の開発力に加え、直接小売りへ卸す営業力を高める必要があったのです。若かった私は一気に人材や設備への積極的な投資や、会社理念の明文化を推し進めました。しかし職人たちからすれば、新米で若造でしかない私の半ば強引な方針転換は納得できず、貴重な人材が去ってしまう苦痛や、販路の拡大がうまくいかないもどかしさを何度も経験しました。それでも逆境にくじけることなく、海外から家具デザイナーを招いたり、都内の百貨店へ直接商談に押しかけたりと試行錯誤を繰り返しました。そして、20年という長い年月をかけて会社を下請け体質から脱却させ、デザイン設計から製作までを一貫して担う「インテリアのトータルメーカー」へと転身を成し遂げました。近年はさらに事業を加速させるべく、販売力強化と認知度向上のためオリジナルブランドを立ち上げ、海外市場へのアプローチも積極的に行っています。

「佐賀から世界へ、世界から佐賀へ」をスローガンに掲げた私の地道な活動は着実に実を結び、世界を見据えた事業展開に興味を持ち、家具職人を目指す若手人材がこの地に集まるようになりました。また異業種の地場産業とも活発に交流するようになり、佐賀全体を巻き込んで、世界へ向けてブランドの輪を広げている真っ最中です。日本の地場産業の職人が持つ技巧は、実は海外では強い競争力を持っています。しかし、そのことに気づかず国内で汲々としている企業が多いのはもったいないことです。

伝統にあぐらをかくことなく、新たな技術やより広い世界を相手にする経営改革がこれからの地場産業には求められます。しかし実際にはまだまだそうした意識がなく、昔ながらの経営を続けている伝統企業が多いのです。これからの地場産業は狭い地域にとどまることなく、より広い世界へと技術を広めていかなければなりません。それが地場産業に携わる企業が生き残る道であり、さらに発展させる原動力となります。しかしこれは一企業だけでなく、地域全体が力を合わせて取り組んでいかなければ達成することはできません。

地方の地場産業が50年先、１００年先も生き残り続けるには、今、何をすればいいのか。ものづくりに携わる者としてのプライドをかけて、ひたむきに考え行動に移してきました。その40年のチャレンジの過程と成果を詰め込んだのが本書になります。

地域に根付いた伝統企業は、かけがえのないオリジナリティと技術力を有した日本の財宝です。一つひとつの課題に真正面から向き合い、正しい解決方法で乗り越えていけば、衰退産業どころか、これからの新しい時代を生き残っていける唯一の先端産業とも思えます。地場産業はそれほどの可能性を秘めていると、身をもって断言できます。

２０２４年、創業60周年を機に、私の経験が地場産業に従事する中小企業経営者や次代を担っていく方々に届き、何かのお役に立てればと思い、筆を執りました。本書が地場産業に関わる伝統企業にとって、新たな販路を見いだすヒントとなり、地域全体の発展と未来に貢献できれば幸いです。

目次

第3章

経営方針も理念も時代に合わせて変えていく

変化に柔軟に対応できる多品種変量生産に切り替え 高級ブランド路線へ

第4章

「国内で売れない＝衰退産業」ではない

〝日本人の誠意ある仕事〟は海外の市場にこそ求められている

第5章

他業種や海外とのつながりがシナジーを生む
〝伝統に縛られない〟ことが地場産業に新たな活力をもたらす

第6章 秘めるポテンシャルは無限大 地場産業こそ日本の主要産業になれる

第1章

国内市場の縮小、
ニーズの変化、
海外製品の台頭……

追い詰められる地場産業

衰退していく日本の地場産業

低迷を続けていた日本経済は２０２４年に入ってから回復基調に転じています。大企業の決算は軒並み好業績が続き、円安の恩恵を受けた製造業や輸出関連企業を中心に経営も改善しました。こうした状況は大企業に限ったことではなく、中小企業も徐々に業績が上向きつつあります。

とはいえ、すべての企業が回復傾向にあるわけではなく、好調に転じた業種や会社がある一方で、いまだに厳しい経営環境におかれたままの企業も少なくありません。

なかでも特に経営が悪化し、衰退が著しいのが日本の地域の経済を担ってきた地場産業です。地場産業とは特定の地域で発展し、その地域の資源や伝統、技術を活かした独自の産業のことをいいます。地域の特徴や伝統に基づいた、ほかの地域では見られない特色ある製品やサービスを提供することが多く、一般的には伝統工芸と混同されがちです。しかし実際には工業製品をはじめ農業や水産業の加工品製造業などが多く、特に小規模事業者によって支えられています。

有名なところでは愛媛県今治市の「今治タオル」、新潟県燕市・三条市の包丁や鋏などに代表される「金物」、〝眼鏡の聖地〟として名高い福井県鯖江市の「鯖江眼鏡」などが挙げられます。もともと地元で小規模に生産した日用品を地域内で消費していた地場産業は、交通網の発展や市場の拡大とともに日本全国に広がっていきました。

１９５０年代から１９７０年代には、日本国内の経済成長に伴い、地場産業の製品に対する需要も増加し、生産地域の経済と雇用を担ってきました。特に日用品や工芸品などの地場産業製品は、国内市場の需要拡大により売上を伸ばしました。

ところが１９８０年代以降は、消費者ニーズの変化や生活様式の変化によって徐々に衰退していきます。そして１９９０年代に入ると、バブル崩壊によって需要が激減し、売上も減少し続けました。大きな打撃を受けた各地の地場産業は、倒産や廃業が相次ぐ事態となり、その後も回復することなく衰退の一途をたどっています。

私の会社で製造している家具も地場産業の一つです。日本の家具産業は、戦後の復興需要に始まり、高度経済成長期には目覚ましい発展を遂げてきました。経済の急速な成長に伴って国民の所得が大幅に向上し、新築ブームに伴って家具需要も急増したのです。さらに結婚ブームやベビーブームなどを背景に、日本の家具産業は成長していきました。

例えば、福岡県大川市のように箱物家具（箪笥）を得意とする家具産地は、結婚ブームに乗り、結婚生活のスタートに必要な「婚礼家具（洋服箪笥・和服箪笥・整理箪笥）」を基幹ビジネスとして大きく成長を遂げました。旭川や静岡では進駐軍向け家具の製作需要が拡大、特に旭川ではのちに「北欧調」家具を得意とする基盤がつくられました。

しかし１９７０年代をピークに徐々に需要が減少し、売上も低下し始めます。和風から洋風へと住環境の変化によって、大型で豪華な婚礼家具の需要は激減し、多くの家具メーカーは苦境に立たされます。クローゼットや収納がつくりつけられている集合住宅も増え、箪笥などの大型家具は必要とされなくなりました。

やむなく大手メーカーの下請けとしてなんとか事業を継続していたところに、致命的となったのが１９９０年代のバブル崩壊後に一気に増加した安価な海外製品の台頭でした。メーカー側は下請けの拠点を国内から海外に移し、より安価で販売する方向にシフトしたのです。

国内での生活様式の変化によるニーズの減少に加えて、頼みの綱だった大手家具メーカーからの下請け仕事までもなくなってしまい、ほとんどの地場の家具メーカーには打つ手がなく、瀕死の状態に陥りました。さらに近年ではＩＫＥＡなど海外メーカーが日本に進出しており、国内市場はますます厳しい状態に追い込まれています。

こうした状況は家具製造業だけでなく、ほかにも多くの地場産業が同じような経営危機に瀕しています。

家具のまちとして栄えた諸富

私の会社がある佐賀県佐賀市諸富町は、古くから家具の産地として栄えてきた土地です。筑後川を挟んだ福岡県との県境に位置し、近くには日本最大の干潟で有名な有明海が広がっています。

諸富が家具のまちとなったのは、隣接する家具の一大産地・福岡県大川市の影響が大きいです。

筑後川と有明海の境目に位置する大川市には、多くの船と熟練の船大工たちが集住するようになりました。船大工たちが船づくりの技術を利用し、指物という木と木を合わせてつくる家具や建具を生産するようになったのが、大川家具の始まりです。

室町時代から栄えていたという大川家具は、５００年近く伝統産業として大川の地に根付いていることになります。ちなみに、大川は日本の六大家具産地の一つです。婚礼家具メーカーとして特に関西地方と九州地方で有名でした。これらの地域では、伝統的に婚礼家具を重視する文化が強く、大川家具はその品質とデザインの高さから多くの支持を得ていました。

１９５５年、筑後川に大川市と諸富町を結ぶ橋が開通したのをきっかけに、大川の家具メーカーや職人が新たなものづくりの場を求めて諸富へと渡り、諸富家具が産声をあげました。

私の家系も大川の家具職人をルーツとしています。私の父は、諸富でものづくりが発展していく流れに乗り、１９６４年に諸富に移り住んで「諸富マルニ木工」を創業、寝具を収納する箪笥づくりから事業をスタートさせました。

創業の翌年に生まれた私が物心つく頃には、「諸富といえば家具」といわれるほど産地としての地位を確立し、家具メーカーは50社を数え、高度経済成長期の出荷額は増える一方でした。地元では海苔づくりや農業を営む家もありましたが、仕事の手が休まる農閑期には、各自宅の倉庫や車庫などに機材を置いて、木材の研磨作業など内職を請け負っていました。

完成した家具を納品する先は、諸富家具の本家である大川の家具問屋です。諸富でつくられた家具は、そのほとんどが婚礼家具メーカーとして名高い大川家具のブランドで販売されていました。

その後、諸富の地域は家具産業によって栄え、バブル経済の波に乗った１９９０年代初めには諸富家具全体で年間約２５０億円の出荷額を記録しました。家具づくりは、まさに諸富の経済を支える「地場産業」となりました。

しかしバブル崩壊後は状況が一変し、ほかの地場産業と同様に経営危機に追い込まれることになりました。全国的に見ても特に企業数や生産額において低下が著しい産業が、家具と繊維でした。

家具の例で見ると、ピークとなった１９９０年には全国の家具・装備品製造業の出荷額が約３兆３９００億円だったのに対し、２０１０年には約1兆３６６０億円と６割近く減っています。また16万人以上いた従業員数も、半数以下になっています（「経済構造実態調査」経済産業省）。

成長を続けてきた諸富家具も、ほかの家具の産地の例に漏れず、同様の苦境に立たされることとなります。バブルの崩壊とともに業績は急降下し、売上はピーク時の３分の1以下にまで落ち込んでしまいました。

さらに、追い打ちをかけるように海外資本の安い家具が多数日本で流通するようになり、価格競争に負けて苦戦するメーカーが相次ぐようになりました。

その結果、各社とも従業員を養う力を失い、事業の存続が危ぶまれるようになりました。そして1社、また1社と、廃業や倒産を余儀なくされていったのです。全盛期には50社あった諸富家具のメーカーも、今では16社ほどにまで減っています。

発展を続ける地場産業の例

地場産業全体が衰退し続けるなかでも、新たな経営方針に転換して復活を遂げ、さらなる発展を続けている産業もあります。

例えば新潟県の燕三条地区は、金属加工技術を世界にアピールし高い評価を受けています。もともと刃物などの金属加工業で有名なこの地区は、技術の発展とともに国内外の競争が激化し、特に安価な海外製品との競争が難しくなったことで、一時衰退していました。

しかし２０１８年にロンドンで開催された「BIOLOGY OF METAL: METAL CRAFTSMANSHIP IN TSUBAME-SANJO」展で燕三条の金属加工技術が紹介され、その技術が世界に認められました。これをきっかけに、イギリスの鍛冶工房とコラボレーションし、世界に向けて商品を発売するほか、２０１９年にはベトナムに進出するなど、積極的に市場を海外に求めています。

一方、１９８０年代に世界初のチタン製眼鏡フレームの製品化に成功した福井県鯖江市の眼鏡産業も、ミラノやパリなどの国際的な見本市に積極的に参加し、最新のデザインや技術をアピールしています。

鯖江市の眼鏡産業は、かつて世界的な市場で大きなシェアを占めていましたが、安価な海外製品の流入により競争が激化し、価格競争力を維持できなくなりました。さらにバブル崩壊後はより安価な製品が求められるようになり、伝統的な高品質の眼鏡を提供していた鯖江市のメーカーは、需要の変化に対応することが難しくなりました。

それが現在では新たな技術とデザインを開発し、海外のバイヤーやデザイナーとのネットワーク開拓にも意欲的です。また「ＳＡＢＡＥ」ブランドを立ち上げ、国内外でのプロモーションを強化し、ブランド価値を高めています。

このように苦しい局面に立たされている地場産業のなかにも、積極的に海外に進出して市場を広げたり、クリエイターと共同でブランドを立ち上げたりして、売上を伸ばしている産業があるのです。

「うちには、そんなに高い技術もアピール力もないから無理」と、早々に新たな挑戦を諦める経営者もいると思います。しかし近年ではインバウンド需要が高まり、日本を訪れる外国人観光客は、日本の文化や歴史、名産品に興味を持っています。また日本の高い技術で生産された工業製品を購入していくケースが増えています。こうした状況は地場産業にとって千載一遇のチャンスといえます。

地場産業が衰退した原因とされるものはいくつか指摘されています。バブル崩壊以降の景気の落ち込みや、海外製品の台頭だけでなく、少子高齢化に伴う人口の減少で、国内市場が縮小を続けていることも一因といえます。

しかし地場産業が今もなお衰退し続けている理由は、そうしたこと以外にもあると私は考えています。それは自分たちの技術や製品の価値を、自分たち自身が理解していないことです。

海外では日本の地場産業が持つ高度な技術が高い評価を受けています。日本を訪れた旅行者がわざわざ高価な包丁などの工業製品を買い求めるというのも、日本の技術の高さとそれに対するニーズがあることの表れです。燕三条地区の金属加工技術や鯖江市の眼鏡産業のように、日本国内では評価されなくても、世界基準では素晴らしい技術を持っているケースが多々あります。

家具製造も同様に、木材加工においては世界に誇れる技術を持っています。こうした技術の価値を再確認し、その素晴らしさを積極的に発信していくことが必要です。

本来の価値を認められない国内の狭い市場ではなく、正当に技術力を評価してくれる海外市場に目を向けることが、地場産業が生き残るための最後の一手といってもよいと思います。

第2章

全盛期の延長線上に地場産業の復活はない

伝統を守るために
あえて変化の道を選ぶ

旧態依然とした経営方針が地場産業の復活を妨げている

自分たちの製品の価値を再認識し、リブランディングすることで、危機に瀕した地場産業も活路を見いだせる大きな可能性があります。しかしその壁となるのが、古くからの伝統を重んじる旧弊的な考えの経営者です。

それではその伝統とはなんなのか、と聞かれてきちんと答えられる人はほとんどいません。本来、伝統とは昔から受け継がれてきた素晴らしい技術や、その土地とものづくりに対する真摯な想いだと私は思います。それは決して新しいことを否定することにはつながらないはずです。伝統を自分たちに都合よく解釈して新しい道を否定することが、伝統を持つ産業そのものを消滅させてしまうことに気づかない経営者が数多くいるのだと思います。

こうした経営者の多くは、旧態依然としたやり方のまま、これまでどおりの経営を貫こうとしています。時代の変化や新しい技術などに対応せず、昔ながらのやり方を続けることです。例えば作業のデジタル化を避けたり、新しい市場や競合他社の動向を無視して過去の成功体験に固執したりします。

また、視野が狭くなり、国内や海外の業界動向や消費者ニーズなどの情報の取得をしようとしません。それだけでなく情報発信も苦手です。自分たちの技術や商品の魅力を正確に理解していなければ、当然宣伝することもできません。まして下請けを主体としている小規模事業者は自社の商品を持っていないので、より情報発信ができません。

地場産業はそもそも、その地で栄え発展してきた然るべき理由があります。材料となる素材がほかでは見られない一級品であったり、その土地の地形や自然環境だからこそ生まれる高品質なものであったりと、さまざまな差別化要素に恵まれているはずです。

いいものをつくっていれば顧客は自然とついてきてくれる、という考えで経営が続く時代は終わりました。地場産業としてこれまでのように栄えることができないのはなぜなのか、自分たちの魅力はなんなのか。改めて見つめ直して、言葉にして、広くアピールしていくことが必要だと思います。

インターネットとＳＮＳの進化のおかげで、情報発信は現地から日本全国や世界に向けていくらでもできます。経営者自身が意識を変えてこうしたツールを積極的に活用していくか、もしくは周りの人間にそういった仕事を任せていく組織改革が必要になります。しかし、頭では分かっていても、なかなか実行に移せないのが、多くの頑固な地場産業経営者の現状でもあるのです。

伝統という大義名分を振りかざして変化を拒絶するのは単なる怠慢に過ぎません。これからは日本の技術力や美しさが感じられる質の高い商品が欲しい層と、多くの人たちに自社の商品に触れてほしい地場産業がつながる機会を増やしていくことが求められます。それには従来の日本中心から海外に視点を向けた戦略や流通経路の見直し、実際の商品に直接触れられる場を設けるなどの新しい戦略が重要です。さらに、高い技術力を持つ地場産業の製品と、それを正当に評価してくれる海外のユーザーとのマッチングのために、積極的な情報発信も欠かせません。

ただ優れた商品をつくるだけでなく、正当に評価してくれるユーザーに高品質の商品を提供し、自ら情報発信をしていくなど、これまでのやり方を捨てて新しいことに挑戦していく姿勢が必須となります。旧態依然とした経営からの脱却は急務であり、大量生産大量消費時代の成功体験に縛られない柔軟な判断と対応力が、地場産業の未来を拓くために最も必要なものなのです。

下請け家具メーカーの苦悩

私の会社はもともと、家具量販店を中心とした下請けメーカーでした。当時、父が経営していた会社に入社したのは１９８５年のことです。

入社してしばらくは家具づくりに専念して、木を切って削って組み立てる、木くずまみれの毎日を送りました。当時は大量生産大量消費の最盛期でしたから、同じ家具を１日１００本から２００本、繁忙期なら３００本製作することもありました。自社販路は握っていないので、昔から付き合いのある大川の問屋や、時代とともに増えてきていた家具量販店へ卸して売上を立てる、いわゆる下請け家具メーカーに徹していました。

元請けとの関係が続いていく限り、注文が途絶えることはありませんから、経営は安泰です。遮二無二つくっていれば売れる時代の追い風は感じていたものの、心中では一抹の不安を覚えていました。入社して1年後、母方の祖父が経営していた家具メーカーが倒産するという悲惨な出来事を目の当たりにしていたからです。

祖父の会社は婚礼家具を扱う大川の伝統的な企業で、時代の追い風もあって順調に事業を拡大していました。ピーク時には2つの家具メーカーを買収し、従業員も100人以上を擁するまでに成長していました。ところが1986年に東京の卸先が倒産したことで急転直下、いわゆる連鎖倒産を余儀なくされたのです。

祖父の会社で働いていた従業員とその家族を路頭に迷わせることになってしまいました。売掛金を回収できなかった仕入れ先から直接罵声を浴びせられることもありました。私たち家族はただただ謝るしかありません。これまで良好な関係を築いてきた人さえも変えてしまう、経営の難しさ、倒産の怖さ、人間の不条理さを嫌というほど味わったのです。このようなことは2度と経験はしたくありません。絶対に父の会社は倒産させてなるものかと胸に誓ったのでした。

それにしても少ない取引先に依存した下請け体質の経営というのは、これほどリスクの高いものかと恐ろしく思ったものです。元請けからの注文が途絶えてしまったら、途端に資金繰りに苦労し、仕入れ先に払うお金も従業員に渡す給料も底をついてしまい、あっという間に倒産へと至ってしまうのです。

父の会社も、取引先からの注文に従うままつくるだけの完全下請け体質です。このままの経営スタイルではこれからの時代は危ないのではないかと、まだ経営のけの字も知らないような私でも漠然とした不安を抱いていました。

１９８８年に23歳で専務となり、経営に深く関わるようになった私は、さらに現実の厳しさを痛感します。父と一緒に家具量販店との交渉の場にも参加するのですが、見られるのは値段ばかりで、納品する家具の質については評価も何もなかったのです。商品に魅力を感じて取引してもらえる、ということはありませんでした。もっと安くしないとほかのメーカーを検討するかもしれない、と脅しのような文句を取引先から言われることもありました。

また、取引先との関係維持のためには協力会にもいくつか加入せねばならず、協力会へ支払う協賛金も決して安くはありません。それだけならまだいいのですが、協賛の販促イベントに呼ばれたら土日だろうが関係なく参加を強いられます。そのための人員はこちらが出さないといけないため、これも経営的には手痛いものでした。しかし断ってしまえば関係を切られてしまったり、安い価格での取引更新を迫られたりするかもしれない不安が付きまとうため、参加しないわけにはいかないのです。

下請けは相対的に非常に弱い立場でした。会社や従業員まで安く見られているようで、地場産業家具メーカーとして、ものづくりに携わる者としてのプライドを傷つけられた気分になることもしばしばありました。

もっとお金と技術を結集させられれば、ほかにはないデザインと高品質を有した家具をつくれるだけのポテンシャルが私の会社にはありました。しかし下請け会社としての現実は、限られた予算内で、発注サイドの要望を満たした家具をつくることに専念するのみです。せっかく素晴らしい腕を持つ家具職人がそろっていて、地域全体で産業を盛り上げていこうと奮起している家具の産地であるのに、立地の恩恵や技術を満足に活かせていない現状に疑問を抱かずにはいられませんでした。

身を切る改革で経営体制を一新

私は幼い頃から父に「お前は会社を継ぐんだ」としきりに言われて育ちました。そのせいか学生時代から経営者になる自分をイメージし、経営に関する本や経営者の自伝を読み漁り、経営に必要なものをたくさん吸収してきました。入社前からさまざまな工場を見学し、家具の展示会にも訪れていました。家具業界にとどまらず、異業種の集まりにも足を運び、経営の極意を現場から学び取ろうと努めてきました。

父の会社に入社後、23歳で専務になる少し前からは、より一層見学や研修の回数を増やすようになっていました。経営セミナーに積極的に参加し、中小企業大学校で経営に関する実践的な研修も受けるようにしました。

正直なところ、他社の実情を見れば見るほど、経営のノウハウを吸収すればするほど、自社の至らなさに頭が痛くなる思いでした。

まず、同業種の家具メーカーで業績を伸ばしているところは、隅々まで整理整頓が行き届いていました。こまめに掃除を行い工場内はいつも清潔、合理的で最適な生産ラインが構築されていて、従業員の方々はいつも快適な環境で仕事に取り組めている様子でした。その点、私の会社の工場は気が向いたら掃除をする程度で、いつも足元には資材が転がっている有様で、木くずまみれで汚れていました。これでは効率的な生産が目指せないだけでなく、怪我をする危険性が高まりますし、健康にも良くありません。きちんと掃除の時間を設け、いつも場内をきれいにしておくための現場の意識転換は急務でした。

管理の面においても他社とは雲泥の差がありました。人員の配置や担当業務の振り分けは職人たちの勘頼みになっていて、本当にこれが最大効率で家具を量産できる管理体制なのだろうか、と疑問に感じることがよくありました。実際、つくりすぎて過剰に在庫が余ってしまったり、逆に納品数が注文数を下回ってしまったりするような事態にも直面していました。業務の内容をきちんと精査し、過不足なく最適な生産ラインを築く必要があります。

特に杜撰(ずさん)な管理体制だったのが材料です。それぞれの職人が必要だと思ったときに社長に報告し、材料の在庫状況を確認せず、これまた社長の感覚だけで発注手続きをしていました。倉庫にどれだけの材料が残っているのか、誰一人として把握していなかったのです。おかげで倉庫内はいつ買ったのか分からない木材でパンパンの状態でした。これでは一つの家具をつくるのにかかった原価が分かりません。正しく原価計算を行い、どれだけの利益を出せているのかが正しく把握できるよう、管理業務を細分化するべきでした。

売上目標を立て中長期にわたる経営計画を編んでいくためにも、事業に関わるさまざまなファクターを数値化し、健全な経営体制を敷いていく改革は絶対に必要だったのです。

そのためにはまず、業務管理部門や資材管理部門をつくり、各部門に責任者を置くべきだと考えました。組織を細分化することで、社長が担当していた仕事を減らしていきます。そして負担が少なくなった社長は社内だけでなく社外にも目を向けて、下請け事業だけでなく、会社の技術力を活かせる新しい仕事を創出していくことが、私たちの生き残る鍵になると判断しました。

そこで管理職の役割を明確にし、組織力の強化を図ろうと幹部会議で提案したのですが、父とともに長く会社を盛り上げてきた古参の社員たちから、猛反発をくらってしまいました。

彼らは役職の肩書を持っているとはいえ、生粋の家具職人たちです。管理されることを嫌いますし、管理することも嫌がります。それぞれが気の合った仲間でチームを組み、自分たちの好きなように家具をつくることに専念したいのです。家具製作とは直接関係のない、管理の仕事で責任ある立場を担うことに、ものづくりのプロたちが強い抵抗感を示すのも無理のない話でした。普通に経営ができているのだから、特に困っていることはないのだから、このままの組織体制でいいじゃないか。そういった意見がそこかしこから挙がったのです。

社長である父も私の提案には渋った表情を見せていました。半ば強引ともいえる改革案には到底納得できないようで、その後も父と私で数回協議を重ねるも、計画に前向きになることはありませんでした。

あるとき父がまたいつものように電話口で大量の資材発注をしているのを見かけました。必要な分だけをきっちり仕入れたかった私は、こっそり同じ発注先に連絡し、先ほど注文した分の半分でいい、と変更を伝えました。あとになって父にばれて「勝手なことをするな」と大喧嘩になりましたが、私にも譲れないものがありました。

今は経営が安定していても、これから先どんな未来が待ち受けているか誰にも分かりません。このまま何もせず、元請けに経営依存し、管理をおろそかにした放漫な経営を続けることは会社にとって大きなリスクです。周りがかたくなに変化を拒んだとしても、会社の存続のため、私の独断で改革を推し進めていきました。

父ともぎくしゃくした関係でしたから、強引な改革に組織もがたがたでした。結局、私の方針に賛同できなかった7人の古参社員が会社を辞めるという事態にも至ってしまいます。

この出来事には父も私も相当なショックを受けました。今振り返ってみれば若気の至り、暴走が過ぎたという反省もあります。もっとみんなの気持ちを一つにまとめ上げて、改革の軌道に乗せるベストな方法があったかもしれません。

反省はあるものの、しかし、このような多少の痛みを伴う改革というのは、会社が大きな変身を遂げてその価値を引き上げるため避けては通れません。

創業期を終え成長期を経て、経営が安定期に入ると、どうしても経営者を筆頭に従業員たちの気持ちは緩んでしまいます。昨日と同じことをしていれば、今日も安定して売上が見込めるという錯覚に陥りますが、これが会社の経営をダメにします。自社が変化をしない一方で、外ではさまざまな変化が起こっています。新たな競合が頭角を現しているかもしれませんし、技術の進歩によって私たちの仕事が見向きもされなくなることも考えられます。

私の場合は、将来の代替わりを見据えてさまざまな企業を見て回ったことで、危機感を抱き、痛みを伴いながらも会社に刺激を与えることができました。

１９８０年代後半、まだバブルの全盛期とあって、家具業界は全体的に安定期に入っていたといえますが、何も新しいことをやらず旧態依然とした経営を続けていたところから、この先に待ち受けるバブル崩壊で経営難に陥ることになります。良いとき悪いとき、経営の波は業界問わずあるわけで、安定期こそ外の様子をよく眺めて、自社の悪い部分を反省し、良いと思ったものを社内に取り入れて改善を図っていくべきです。

このときに半ば強引な、痛みを伴う改革を行っていなかったら、私の会社も未来は閉ざされていたかもしれません。一時的な苦しみを負うとしても、会社の未来を思えばこそ、改革は必須だったのです。

社名変更と事業承継で見えてきた未来図

半ば強制的な組織改革でしたが、成果はじわじわと出てきました。仕入れコストを下げ、在庫を抱えないよう生産量を制御することで、利益は目に見えて伸びてきたのです。

しかし結果が出てもなお、父との衝突は減りませんでした。

これだけ結果が出ているのにどうして認めてくれないのかと悩み、時に父に強く当たってしまうこともありました。そんなまだ20代半ばの私に向かって、父の放った言葉が「俺の人生なのに、なんでお前からいちいち指示されんといかんのか」でした。この言葉は今も強く印象に残っています。

私は父に、もっと管理をしっかりしてほしい、会社の未来を考えて経営に携わってほしい、といった要求ばかりしていました。父に変わってもらうことだけを願っていたのです。しかし、会社云々はさておき、父には父の人生があります。父の生き方や考え方を変えてまで、会社を変えていく必要があるのかと考え続けました。

私は家具職人としての父を、心から尊敬していました。若くして諸富の地でゼロから事業を起こし、ここまで会社を切り盛りし、事業が順風満帆なときに私を会社へ入れてくれたことにも非常に感謝しています。そんな父に対して、こちらの意見ばかり押し付けている自分に、疑問を抱くようになりました。そして相手を変えるのではなく、自分が変わらなければいけない、と気づきました。

とはいうものの、私にもやりたいことがあります。やらなければ会社の存続が危ぶまれます。

会社の技術力を存分に発揮した家具づくりに専念するための土台固め、これは絶対にやり抜かなければなりません。父や従業員たちの意見にも耳を傾けながら、自分に与えられた権限のなかで計画を進めていこうと心に決めました。自分のできる小さいところから改革を行い、結果を父に報告するようにしていったのです。

元号が平成になった１９８９年9月に社名を「レグナテック」に変えたこともその一つでした。イタリア語で「木材」の意味を持つ「レグノ」と、英語で「技術」の意味を持つ「テクノロジー」を組み合わせてできた社名です。家具のコンセプトを１８０度変えて、自らの手で創出していこうという気概が込められていました。こだわり抜いた木材を用い、家具職人たちが長きにわたって培ってきた素晴らしい技術と最先端の生産技術を組み合わせ、独自のデザインで設計された魅力ある家具を世へ送り出すこと、これを新たな経営指針としました。

社名変更に対して父から反論は出ませんでした。その頃には私の行ってきた小さな改革がいくつも成果を出せており、父が経営に対して口を挟むことは少なくなっていました。組織体制の見直しで各社員に役割を割り振り、組織体制が強化されたこともあって、社長としての父の役割は日に日に少なくなっていたのです。

そして社名変更から3年後の１９９２年、父は唐突に私たち会社の従業員を全員集めて、引退宣言をしました。

「組織に頭は2つ要らない。息子に社長を譲るから、みなさん、息子のことをよろしく」

父の潔い性格を体現した、すっぱりと後腐れのないバトンタッチでした。父は50歳での社長退任、私は27歳での新社長就任でした。父は会長職にも就かず、完全に会社から離れる道を選びました。以降、父は会社の経営にも事業にもノータッチです。

父の胸中として、自身で創業し30年近く経営に携わった会社を去ることに、言葉にし難い寂しさがあったことは想像できました。まだまだやりたいこともたくさんあったはずです。会社は父にとって人生そのものでした。私としても、まだ20代という若造でしたから、本当に自分一人だけで会社を維持できるのか、もっと父にはそばにいてもらいアドバイスをしてもらったほうがいいのではないか、と父を引き留めたい気持ちに駆られました。

しかし一方で、父が言うようにトップが２人いてまったく別の方角を指差していたら、従業員を惑わし、事業が滞り、まさに「船頭多くして船山に上る」の結末を招くことにもなってしまいます。若干の後ろめたさを感じつつも、父からのバトンを受け取り、父が大事に育ててきた会社をさらに盛り上げていこうと決心しました。

この突然の事業承継から数年後、父と親しくしていた人から「先代は、早く交代してよかった、と話していたよ」という話を聞き、私は気持ちが救われました。もう自分には居場所がないから、という投げやりな事業承継ではなく、今なら息子に任すことができる、という確信を持っての、寂しさと希望を交えながらの決断であったのだと察することができます。後継者として私のことを熱心に育ててくれた父には、感謝の思いが尽きません。

父の50歳という若さでの引退は、現在の私にも大きな影響を与えています。トップが長く居座り陣頭指揮を執るのは、昔ながらの経営から脱却できない新陳代謝の悪い企業を育てることにもなりかねません。どうしてもこれまでの成功体験に基づいたやり方で突っ走ってしまい、新しい考えや経営方針を拒みがちになるのですが、それが時代との錯誤を生み、経営を傾かせる一因となってしまいます。

特にＩＴ化が著しい現代社会は、デジタル慣れしきれていないアナログ人間では賄いきれない事態がいくつも押し寄せてきています。

私自身も、時代についていけていない、と感じる出来事が年を追うごとに増えてきました。経営の経験値では私が上でも、デジタルのことや時代の潮流の読み方など、若い人たちのほうが敏感で的確に対応できているなと感じることが山ほどあります。なので私も、私のやり方が「昔ながらの経営」と呼ばれるより前に、早めに次の代へバトンを託そうと意識しながら会社経営を続けています。

他社のいいところを真似て会社の第二創業へ

私が入社した1985年から社長に就任する1992年は、日本経済がバブルの絶頂から崩落の淵へと一気に落とされる時期と一致し、日本全体が大きな試練を経験した時代でした。バブル時代の、つくればつくるほど売れる余裕のある時期に、これから来るかもしれない急転直下にどういった備えができるかで、その後の経営は大きく変わったように思います。

家具産業にとっても1990年前後は大きなターニングポイントだったはずです。老舗の企業であっても、昔ながらの経営に縛られて何も変えようとしなければ、簡単に淘汰されてしまう時代でした。

23歳で専務になって以降、会社の未来に不安を感じていた私は、仕事の役割分担のため組織体制の見直し改革からテコ入れを始めました。幹部7人が去ってしまう憂き目にも遭いましたが、新たに人材を補強し、組織の一新を目指しました。これまで曖昧になっていたところを次々と明確にし、数字にできるところは数値化していきました。工場内の清掃や、上下間の報告伝達といった基本的なところも整理していったのです。賃金体系も見直し、従業員が納得して働ける環境づくりに専念しました。今後自社商品を自ら販売することも見据えて、営業部門も設立しました。

父から社長の座を譲り受けて以降も、第二創業者のような気持ちで経営に臨みました。仕組みづくりが整い、組織体制も熟しつつあり、私のやり方にみなが賛同し同じ方向を見られるようになったところで、いよいよ自分たちで商品をつくり売っていくための礎をつくっていきます。設計から組み立て、そして販売までを担う、インテリアのトータルメーカーを目指していくイメージがようやく明確に描けるようになったのです。

自分たちで商品をつくっていきたいという思いの裏には、家具の名産地で営む家具メーカーとしてのプライドと、私自身の強いこだわりがありました。

そもそも家具は人の生活の一部となり、その人の生活を支え暮らしを華やかにする道具です。新築や進学・就職、結婚や出産など、人生の大きな節目で自分の好みに合った質の高いものを買うのが旧来の習慣です。暮らしをともにし、時にメンテナンスを施し、丈夫で有用であれば次の世代へと受け継いでいく、まさに家族の一員ともいうべき存在なのです。気に入った家具に囲まれることでくつろぎや癒やしを感じることができ、家族とのコミュニケーションもより円滑で豊かなものになります。

時代とともに需要が変わり、安価の家具をつくることが主流となり、私たちの事業もそれまでは量産型の箪笥づくりに専念していました。しかしそのままではいずれ、より価格の安いメーカーに仕事を取られてしまうのは目に見えていました。

私たちはせっかく家具の産地で働き、その地ならではの恩恵を受けながら技術を磨いてきたのですから、その力を存分に活かして他社と差別化しない手はありません。佐賀県諸富の家具メーカーとして、家具市場に勝負を仕掛けたいという気持ちが、私の中で日に日に強まっていたのです。

また私自身、毎日何百本と同じ家具をつくることに、ものづくりに携わる者としての喜びを感じなかったのです。素材にこだわり、デザインにこだわり、もっと自分がつくりたいものをつくりたい。それが家具づくりに携わる職人の、そして地場産業として地域により恩返しできる会社の、本来のあり方であると思いました。

組織体制の一新や新しい事業を起こしていくための改革のポイントは、とにかく他社の良いところを参考にし、真似ることに尽きます。これは今も昔も変わらずやっていることですが、とにかく勉強になりそうな企業や工場には同業種異業種問わずに見学へ行くようにしています。経営面についても、学べるところからどんどん吸収していくことを意識しています。経営の本を読みふけるのも悪いことではないですが、できる限り現場を見て、直接現場の人たちから話を聞くことで、より自社に落とし込みやすいエッセンスがもらえます。

バブル崩壊後に不況が訪れ、買い控えやニーズの移ろいに敏感に対応できなかったところは、この時期に次々と倒産していきました。そのタイミングでちょうど私の会社が大きな方針転換をしてこられたのは、たまたまの偶然なのか、私が時代の先を見据えられていたのか――そこは分かりませんが、あのまま放漫な経営を続けていたら今の会社は絶対に存在しなかったといっても過言ではありません。

改革は成功したとはいえ、まだまだ課題は山積みでした。どういった自社商品をつくればいいのか。どこからどのような素材を仕入れればいいのか。どうやって売ればいいのか。ようやくそういった実務的な課題と向き合える段階に入りました。

私自身が、もっともっとたくさんの情報や知識を仕入れていく必要がありました。海外にもたくさん行かなければいけません。業務の振り分けは終わっていましたから、社長の私が情報を集めに頻繁に外へ行ける仕事環境はできあがっていました。

半ば手当たり次第の様相での新たな船出でしたが、ここから私たちの会社は大きな展開を何度も迎えることになります。たくさんの人たちとの出会いを経て、新しい商品をつくれるようになり、販路を拡大していき、さらには今治タオルのようにブランドづくりにもチャレンジしていくことになります。

第3章

経営方針も理念も時代に合わせて変えていく

変化に柔軟に対応できる多品種変量生産に切り替え高級ブランド路線へ

海外視察で再認識した自社の強み

新たな販路を見いだすためには自社商品開発は欠かせません。しかし私の会社は発注元の指示に従って家具をつくるだけの下請けメーカーでしたから、商品開発力を身につけていく必要がありました。

そのためにまず積極的に行ったのが海外家具市場の調査でした。調査といってもニュースやデータを引っ張ってきて、海外家具ブランドのカタログを取りそろえて、社長の椅子に座ってあれこれ考えるのではありません。私は根っからの現場主義でしたから、現地まで足を運んで情報を取ってこようと決めていました。

世界中で開催されている家具の見本市すべてを制覇するくらいの気持ちでいました。見本市を巡るだけでなく、各地の著名な家具店やショールームも訪れました。世界の有名な家具ブランド直営店にもたくさん足を運びました。家具をつくっている工場もできるだけ見学に行きましたし、時には個人の住宅にもお邪魔して、家具の使われ方や実際の人々の暮らしも観察しました。思わず息をのんでしまうような素晴らしいデザインの家具と出会えたら、参考のために思わず即決で買いたくなってしまいますが、それでは自社の工場が海外の家具でいっぱいになってしまいます。家具と似たようなデザインが施されたアクセサリーなどの小物を買って、日本に戻ってからの家具づくりの参考にしました。

最も勉強になったのは家具の本場、北欧です。北欧は日照時間が短いため家で過ごす時間が長い地域です。したがって北欧に住む人たちの多くに共通している娯楽が、室内でのコミュニケーションです。自宅で家族や仲間と談笑し、食べたり飲んだり、踊ったりする時間が人生の大きなウエイトを占めています。室内でより快適で有意義な時間を共有するため、家具や食器、照明など、インテリアに対する価値観が私たちの生活様式とは大きく異なっています。どこの家庭にお邪魔しても、非常にこだわったインテリアたちが北欧人の生活を鮮やかに彩っているのです。

北欧は家具に寄せる愛着も際立っています。壊れても修理をして１００年も２００年も家具を使い続けたいという思いが強く、とても丈夫で長持ちするのが北欧家具最大の特長といえます。私の会社がこれまでつくってきた、ベニヤを合わせただけの安価で耐久性に乏しい家具は、北欧の家庭で出会うことはまずありません。現地で年季の入った大切に使われている家具たちを見るにつけ、北欧の人々の家具に対する価値観がとてもうらやましく感じられました。家具を家族の一員のように大事にする北欧の文化を日本国内にも広げて、私たちのつくった家具を後世に残したいという思いが一層強まりました。

一方、経済的に恵まれない国の家具も見てきました。日本や欧米などの先進国と比べたら、決して品質の高い家具たちとはいえませんでしたが、家具が人々の暮らしと密接に結びついていることに変わりはありません。家具は生活を彩り、安らぎを与え、人々のコミュニケーションを円滑にする大切な道具なのです。

このような家具の本質をもっと強調して、こだわった品質で提案していければ、家具の重要性を分かってもらえ、私たちが目指す自社開発商品の需要も上がっていくかもしれない。そんな手応えを海外調査のなかで感じていました。

世界最大の家具の見本市、ミラノサローネを訪れたのは、ちょうど社長になる時期のことでした。毎年4月に開催されるこのイベントには、世界に名の知れた家具メーカーが多数出展し、世界中のクリエイターやバイヤーが集い、最先端のデザイン家具を堪能するこ

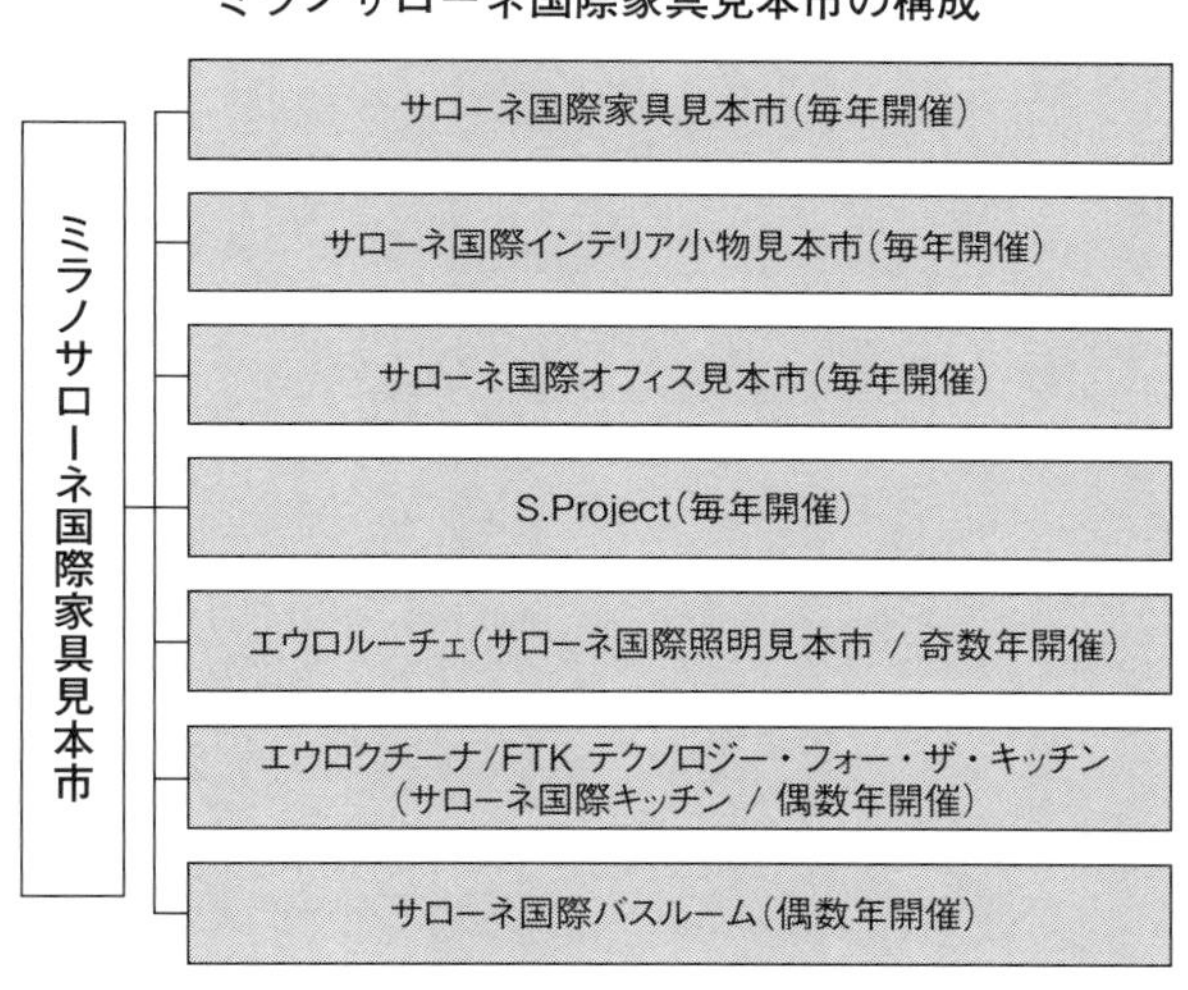

とができます。６日間の開催で訪れる来場者数はおよそ40万人、出展する企業数はメイン会場だけでも２０００社を優に超えます。広大な敷地の中で開催されるため、全部回りきるのも一苦労です。開催期間中、ミラノ市内ではほかにも展示会やギャラリーがいたるところで催され、市や国を挙げての一大フェスティバルが営まれます。

ミラノサローネを訪れたことは、私の家具職人としての人生に非常に大きな影響を与えました。世界における家具業界のスケールの巨大さを目の当たりにし、いかに自分が井の中の蛙（かわず）であったかを自覚しました。と同時に、自分の家具でもいつか世界で勝負できるようになりたい、という思いが湧き上がってきたのです。そしていつかこのミラノサローネにも、自社で開発した家具を展示したいという夢を思い描くようになりました。以降、私はこの思いを決して忘れることのないよう、そして最先端の家具業界の情報をつかむため、毎年のようにミラノサローネを訪れるようにしています。

このようにして、世界の著名な家具ブランドを巡り見ていると、自分たちの仕事に自信が持てなくなりそうなものですが、私はまったくそんなことはありませんでした。むしろ、日本の家具も負けてはいない、という自信を得ることのほうが多いくらいです。日本の家具づくりは仕上げの技法、塗りのきめ細やかさにおいては群を抜いています。椅子の裏やテーブルの裏など普段は見えないところまで丁寧に塗り込んでいるのは日本の家具づくりの特長です。この点、海外の家具は塗りにムラがあることを、さまざまな展示会やショールームを通して感じました。

独特の和の色合い、凛とした雰囲気やわびさびといったなかなか海外の言葉に翻訳できないディテールへのこだわりが、日本の職人芸の見せどころです。これは家具だけでなく料理や建築にも共通している特色であり、海外の人たちが日本の伝統工芸に魅了される大きな要因となっているのです。仕上げのきめ細やかさは、十分に日本家具の強みだと感じましたし、私たちの仕事にも自信が持てました。

ミラノサローネへの出展という途方もない夢を抱くことができたのも、そしてその夢の実現に向けてまっすぐに動き続けていけるのも、実際に現地へと足を運ぶ現場主義だからこそです。そしてより一層、自社商品開発のために今自分たちに何が必要なのか、課題を明確化できる体験でもありました。

自社で図面を引きたい。ＮＣ工作機械の導入

自社商品開発のためには社内の生産体制も大規模な再構築が必要です。これまでは発注元から送られてくる図面どおりに家具を組めばよかったのですが、自社商品をつくるからには、自分たちで図面づくりにも挑まないといけません。加えてさまざまな自社商品を効率良くつくっていくための設備投資も必要でした。

情報通信技術が一気に加速する1990年代半ば、家具業界でもデジタル化が進んでいました。とりわけその象徴的存在となったのがNC工作機械です。これは簡単にいえば、職人の代わりに木材を図面どおりに加工してくれる機械で、家具製作を最大効率化し、安定した品質の家具供給を実現してくれる大発明品です。大まかな木材加工を工作機械が担当してくれるので、怪我をするリスクも少なくなります。また、つくれる家具のバリエーションが増えるのも魅力でした。

導入にかかる費用は1000万円を超えます。ほかの木工機械に比べたら大きな投資、私の会社の規模からするとなかなか手の出せない金額です。しかしこれからのデジタル時代には必須のアイテムであると思い、意を決して導入しました。

買ったからといってすぐに使いこなせるわけではありません。思いどおりに動かすためには元となる家具の図面データが必要です。そのデータをデジタル作画ツールであるCADで作成することになるのですが、このプログラム技術の習得に、まずは私がチャレンジしました。もともと私は高校卒業後、コンピューターの専門学校に通っていたので、こうした技術の習得は好きでしたし得意でもありました。

治具と呼ばれる木材加工を補佐する道具を組む技術も身につける必要がありました。図面データやＮＣ工作機械が電車なら、治具はその電車が迷いなく走行するためのレールです。正しく木材を固定し誘導できる治具なしでは加工の手順は正しく行われず、高品質の家具をつくることはできません。

日々の家具製作業務のあと、私はプログラムや治具作成を学べる講習会に参加し、知識と技術を身につけていきました。講習には私以外にも同業者が何人かいて、みんなで教え合い情報共有し合いながら、この新しくて便利で魅力的な機械を使いこなせるよう努めました。

図面の勉強もしなければなりません。秀逸なデザインと機能性を兼ね備えた家具とはどういったものなのか。知り合いのデザイナーにアドバイスを仰ぎ、大学の授業にも参加して、人間工学の知識も学習していきました。

アナログ一辺倒な職人気質だといち早く音を上げてしまいそうですが、数字好きの私は元来適性が高かったのかもしれません。あれこれ考えながらプログラムを組んで、失敗しては修正を繰り返す日々でした。プログラムが正常に走り、自分が思い描いたとおりの加工ができたときの喜びはひとしおです。

木材加工の自動化は工場の職人たちに大きな驚きと感動をもたらしました。今どきの言葉でいえばイノベーションといえるかもしれません。

これまでは取引先から提示された図面に従って家具をつくるしか能がありませんでした。それが自社内で図面を作成し、NC工作機械と専用の治具を使って効率的に木材を加工し、職人たちの手で丁寧に仕上げていく生産ラインができあがったのです。それは、箪笥しかつくれなかった専門業者が、木材を使った家具ならなんでもつくれる総合家具メーカーに進化したことを物語っていました。自社完結で家具製作ができる、下請け体質からの脱却がいよいよ現実味を帯びてきました。機械の導入で生産性は爆発的に上がったのですから、設備投資の有無が会社の未来を大きく塗り替えたのは間違いありません。

設備への積極的な投資は今も続けています。常に新しい情報を仕入れ、いいものだと感じたら迷わず購入に踏み切るようにしています。NC工作機械については、10年ほど前に5軸の自由度を持つ最先端機器を導入しました。この採用によって立体的で曲面を随所に施した非常に複雑な木材加工ができるようになり、仏像のような細やかな意匠を凝らした削り出しも、機械だけでできるようになりました。

この機器の導入にかかった費用はおよそ３０００万円でした。もちろん導入しただけでは使いこなすことができず、技術者を育てる必要があります。最初のＮＣ工作機械導入時は私も若かったのでなんとかなりましたが、最新機器はより高度な技術が要求され、さすがに私もお役御免となりました。ちょうど長男が会社に入ってきたタイミングだったので、手動の家具製作技術よりも先にＮＣ５軸工作機械の技術習得に専念してもらいました。

それにしても、最近は機械のトラブル対応も迅速となりました。以前は機械に故障が発生したら業者の人に工場まで駆けつけてもらわないとなんともなりませんでしたが、最近はオンライン診断で済むようになっています。機械がメーカーとインターネットでつながっていて、プログラムのどのあたりに問題があるかを発見してくれます。部品に問題がある際も遠隔でチェックができ、速やかに代替部品を配送してもらう手続きができます。設備にかかる費用は莫大ではありますが、技術向上に加えて生産効率がより強化されるので、やはり設備にかける投資は惜しみなくするべきということです。

自社商品営業から見えてきた新しい課題

設備の導入で生産体制が整い、自社商品を続々と開発できるようになりました。主力武器となる自社商品ラインナップがそろってきたら、次なる課題は営業活動、知ってもらえる場をどれだけつくれるかです。

私の会社は下請けメーカーとして量販店や問屋の間ではそれなりに名前が知られていても、一般消費者の知名度はゼロです。いくら良いものがつくれていたとしても、上手に宣伝し広めていけなければ、いつまで経っても売上アップは見込めません。大きな資本を有する企業であれば、営業員をたくさん雇って展開していくことで容易く克服できるこの課題も、少数精鋭で戦っている地方中小メーカーでは大きな懸念材料となります。どうやったら少ない負担で広く営業していけるか、工夫を凝らしたプランニングが求められました。

大川という家具産地のメッカが筑後川を挟んだ向こうに存在することは、販路づくりに頭を悩ます私たちにとって大きな追い風になりました。大川では3カ月に1回の間隔で、全国の家具バイヤーをはじめ家具業界関係者が集う展示会が開かれています。毎回出展社数は１００社を優に上回り、地方で催される家具の展示会としてはかなり大規模なものです。これまで下請けメーカーのポジションだった私の会社は、大川の展示会とは縁がありませんでした。しかし自社商品を持った今なら、ここで自社商品をお披露目し勝負に出ることができます。自社商品への評価をダイレクトに受け取れ次への糧とできますし、商談に至れば地道に販路を拡げていくことができます。

新規開拓営業するチャンスが会社のすぐそばにあるというのは、地域に長く根付いた地場産業ならではの恩恵といえます。地場産業としての地盤が築かれていない、自社産業とは縁もゆかりもない地での営業だったら、営業先と知り合うだけでも一苦労だったはずです。まして家具は運ぶだけでも相当なコストを要します。橋を２つ渡った先にお披露目の場があることは、渡りに船といった心境でした。

年に４回勝負の場があるというのも私たちにはプラスでした。締め切りが設けられていることで、この日までに必ず新しい商品をつくってみせるというモチベーションを高く維持することができます。

出展当初、同じ諸富の地で家具メーカーを営む同業者や、かねてより付き合いのある取引先からは、かなり奇異な目で見られたものでした。下請けメーカーのはずの会社が、どうして自社商品の開発に専念しているのか。これまで箪笥ばかりつくっていた町工場が、テレビボードやキャビネットといった次世代的でおしゃれな家具づくりに力を入れるようになったのですから、不思議に思われても仕方がありません。当時はバブル崩壊後で仕事の安定受注すら危ぶまれる時代でしたから、私たちの攻めた戦略には大なり小なり驚かれたわけです。不況のダメージを最小限に抑えるための一般的な経営判断は、じっと防御の姿勢に徹することであり、下請けの仕事を一つでも多く受けて粛々とこなすことに違いありません。しかし下請け脱却を目指す私としてはどうしても自分たちで生み出した商品で勝負したいという気持ちが捨てられませんでした。不況を言い訳にしてやりたいことから目を背けることはできなかったのです。下請けとしての仕事をこなしつつも、新商品開発そして展示会出展を繰り返していきました。

１９９４年には、自社商品を扱った専門の販売店を地元の諸富から北西へ50㎞ほど離れた唐津市にオープンしています。ここでは現役引退を表明した先代の父が独立し、一人で木工房を営んでいました。経営を離れた父は自営業で、木工職人として木材と向き合い、創作家具づくりに精を出す第二の人生をスタートさせていたのです。父の工房に併設するかたちで個人向け販売店「レグナアルターム」を開き、自社商品と父の作品を販売しました。

展示会に加えて個人向け販売店と、自社商品をお披露目する場をつくり営業に力を入れていきました。少しずつ顧客をつかみ販路を拡げることはできていたものの、いくつか課題も見えてくるようになりました。

まず、大きな課題の一つが素材でした。つくれば売れる大量生産大量消費時代は、さほど素材にこだわらなくても消費者が目を向けてくれました。しかし消費者の需要は次第に変化を遂げ、高級な質感を持った素材でつくられた家具へのニーズが高まっていたのです。

私の会社では父の代から、メラミンやポリ合板と芯材で構成されるフラッシュ構造と呼ばれる安価な素材で家具をつくっていました。中は空洞で、外側に木目を印刷しています。こういった安っぽい見た目の家具の需要は下がっていたため、なかなか自社商品を選んではもらえませんでした。

いくらデザインや機能に優れた家具をつくったとしても、安っぽい印象の素材では誰も買ってはくれません。需要の高い素材の仕入れ先を見つけることは急務の課題だと販売を通して実感しました。

もう一つの大きな課題として、私が本当につながりたいところと知り合えないもどかしさがありました。私としては、質が高く他店ではなかなかお目にかかれない家具を求めるこだわりの強い小売店、そういった店舗のオーナーや販売員と展示会を通して知り合うことを望んでいました。つまり、彼らにまず自社商品を気に入ってもらい、販売サイドのファンとなってもらうのが狙いです。ファンになったオーナーや販売員は、自社商品を積極的に仕入れてくれ、店頭でもたくさん売り込んでくれるはずです。自社直結ではない、自社商品推しの間接的な営業員を獲得したかったのです。

しかしそういった少人数で経営している販売店の関係者が大川の展示会まで足を運ぶことはあまりないようで、来場者の多くは大手や中小規模の量販店のバイヤーばかりでした。量販店のバイヤーと展示会で商談に至れたとしても、結局は社内に持ち帰って検討を重ねてもらうことになるので、待ち時間が長くなってしまいます。その点、小売店であれば責任者とすぐ交渉ができるわけで、自社商品を気に入ってもらえたら即決で交渉成立も期待できました。小売店のオーナーはインテリアが好きだからこそ経営しているわけですし、消費者と現場でやり取りしている立場ですから、需要の変化にも敏感です。こちらとしてもどういった家具をつくっていけばいいのか、商談しながら次の商品開発のヒントももらうことができます。何より、売上第一のビジネス目線で交渉の入口を設けるよりも、インテリア好きの人間同士でコミュニケーションをとるほうが楽しいですし盛り上がります。たとえ取引成立に至れなくとも、お互いにとって収穫のある時間を過ごすことができます。このようなメリットもあって、できるだけさまざまな地域の小売店と交渉できる機会を増やすことが、目下の課題となりました。

理想の木材を求めて世界を巡る

私しか扱うことのできなかったＣＡＤやＮＣ工作機械がほかの従業員にも使いこなせるようになり、私が長期間現場を離れても心配なくなったタイミングで、いよいよ素材となる理想の木材を求める旅へと出ました。

木材には徹底的にこだわる方針でした。高級かつ高品質の家具を仕上げるには、諸富の職人たちが培ってきた技術に加えて、洗練された選りすぐりの木材が不可欠です。私たちが求める最良の木材は樹齢80年を超える広葉樹でした。木目が美しく高級感が漂い、なおかつ高い強度を兼ね備えているので、高品質の家具づくりにはうってつけの素材です。広葉樹が植えられている地域は世界各所にありましたが、私は北米に照準を合わせました。具体的にはウォールナットやブラックチェリー、レッドオークと呼ばれる木材たちを買い付けることをミッションとしました。

アメリカ木材を扱っている商社の日本支社に勤める営業員にコンタクトを取り、さっそく彼と一緒にアメリカを訪れました。

木材を伐採し加工している製材所を直に視察して回ります。目的は単なる価格交渉ではありません。こだわりにこだわり抜いた、厳選された理想の木材に出会いたいのです。製材所を訪れた際は、採取源である山の状態も見て安定的に高品質な木材が輸入できるかどうかを把握するべきでしたし、加工過程にも十分目を光らせる必要がありました。

木材は伐採時期が非常に重要です。冬の寒くて乾燥した時期に伐採したものは使い勝手がよく、家具づくりに最適とされています。雨の降る時期に伐採したものだと水分をたくさん含んでいて、虫がつきやすく、傷んで割れたり反ったりしたら使いものになりません。水分の通る導管が広がっているため見栄えも劣ってしまい、品質を大きく落とすことにもなってしまいます。そのため製材所が伐採時期をきちんと見極められているかチェックする必要がありました。

加工過程においても水分は天敵です。製材所には木材をしばらく放置して水分を抜く乾燥装置があります。その後に大きな窯の中に２週間ほど保管して、適切な湿度を与えるのが一般的な加工方法で、これで国際規格に沿った含水率を持った輸出入可能な木材ができあがります。この一連の乾燥技術には製材所ごとのノウハウがあり、かける手間一つで、日本に届いたときの木材の状態は左右され、これが家具の仕上がり具合にも大きな影響を及ぼすわけです。ですから製材所内での乾燥技術の良し悪しというのも、重要な見極め材料の一つでした。

木材にはグレードがあり、このグレードごとに木材の状態を大まかに把握し仕入れるのが一般的です。しかし実際に現地を訪ね回ってみると、同じグレードであっても製材所ごとに品質に差があることが分かってきました。グレード的にはこちらの求める基準を満たしていなくても、この製材所の乾燥技術であれば問題ないな、と思える木材にも出会うことができ、コストを落として理想の木材を手に入れることも叶いました。現地では処分している木材のなかにも、私の家具づくりには使えそうなものがあり、これも交渉によって安値で引き取ることができました。

幸い、商社営業員が日本語と英語のバイリンガルだったので、通訳として間に入ってもらうことで円滑で前向きな交渉が進められました。最近の素材探しの旅では海外暮らしを経験している息子を連れていくこともしばしばあります。たとえ通訳が周りにいなくても、ボディランゲージと単語を並べて、あとは笑顔でいれば、コミュニケーションはなんとかなるものです。

広大なアメリカを、東西南北、家具材に適した山と製材所があるという情報をつかんだら必ず向かいました。アメリカの道中、飛行機にはほぼ毎日乗ります。レンタカーを借り、フリーウェイから山道へ入り、1日で500km走らせることもあります。視察が終わったら最寄りのモーテルに泊まるような日々でした。ハードなスケジュールだけれど、明日はどんな木材や人に出会えるだろうと、楽しくて仕方がない、疲れなんて一切感じない素材探しの旅でした。

現地視察が与えてくれる経営のヒント

素材選びにおいてはオーストラリアや中国、ＡＳＥＡＮ（東南アジア諸国連合）諸国、ヨーロッパ諸国など、ほかの国もいくつか巡りましたが、乾燥の技術に関してはアメリカが頭一つ抜きん出ているように思います。また輸入ルートの確保においても安定しているので、これまでずっとアメリカと取引しています。

安価で仕入れられるからと、一時期アメリカとは別のある国と取引したこともありましたが、散々な目に遭いました。いつまで待っても木材が届かなくなったのです。何があったのかと連絡を取ってみると、いざ木材を搬出しようとしていたところ、別の買い手から「うちが高値で買い取る」と打診があったそうで、現場判断でそっちに売ってしまったというのです。つまり横流しです。こちらは輸送のルートも抑えていたというのに、まさかの仕打ちでした。その国ならではの商習慣かもしれませんが、日本では考えられない事態です。これには呆れるしかありませんでした。

その点、契約面がしっかりしているアメリカはこのような類のトラブルには遭いません。横流ししようものなら、とんでもない額の賠償請求を被ることになるわけですから、ルールに沿って実直に木材を送り出してくれます。

環境問題にどれだけ配慮しているかも素材仕入先を決める判断材料としています。木材輸出は儲かるからと、目に見える木を後先考えず片っ端から切り倒してしまう現場も目撃しました。これでは山が荒れて次代の木々が育たず、持続的な取引が実現できません。山の生物たちが死に、土と川が汚れ、立派な環境破壊です。安値で木材が仕入れられる候補として訪れましたが、現場を見てここからは買えないとすぐに断念しました。生活のために切らざるを得ない事情があるのかもしれませんが、理由はどうあれ賛同はできない所業です。現地を見ず、遠い日本にいながらインターネットで候補を調べて木材を買っていたら、こういったところから仕入れて環境破壊に肩入れしていたかもしれません。そう思うとぞっとします。

山深い僻地（へきち）にある製材所まで直接赴くと、現地の人々にはとても喜ばれ歓迎ムードに包まれます。商社と一緒にはるばる見にくる家具メーカー経営者はまれなようです。まして地場産業ですから、お互い似たもの同士の職人気質といったケースが多く、プライドと自信を持って仕事に携わっていることがうかがえ意気投合します。会話も弾み商談がとんとん拍子で進むこともあります。希望するサイズに現地のほうで加工してもらえないか頼んでみたら「ノープロブレム」とその場で快諾してもらえたこともありました。これも現地でコミュニケーションを取りながら交渉することの恩恵といえます。

製材所を見て、山を見て、木材を取り巻く環境を見ることで、家具がつくられるまでのストーリーの序章パートを知ることができます。完成した家具を前にしながら、どんな場所で生育した木なのか、なぜこの木材を採用したのか、素材にまつわる深い話を顧客に伝えることができます。完成品の品質に触れ、素材の良さをストーリーとともに感じ取ってもらうことで、価格にも納得して購入してもらえるのです。営業においても、現地を巡り情報を得ることは大きな意味があるということです。

素材選びの旅の道中は寄り道も欠かせません。事前に木材の販売店やインテリアショップも調べておき、できるだけ立ち寄るようにしています。展示会巡りの際と同様に、できるだけ参考になるデザインを施した小物を買い漁って、次の開発へのヒントとしています。

それにしても海外への渡航は身も心も一新されリフレッシュできます。家具メーカーの社長をやっていて良かったなと思ういちばんの瞬間はこのときかもしれません。ずっと事務所や工場にいると、どうしても目の前にある業務のことばかり考えてしまいます。海外滞在中は仕事の連絡もさほど来ないので、自分のやりたいこと考えたいことだけに集中でき、じっくりと会社の戦略を練ることができます。海外の大自然に圧倒され、日本にはない独特の文化や伝統に触れ、現地の人々と交流することで、新しいアイデアが自然と浮かんでくることもしばしばあります。

ニーズの変化に柔軟に対応できる多品種変量生産へ

ＮＣ工作機械の導入で生産性が格段に増し、現地まで足を運び選び抜いた木材を仕入れるようになったことで、質の高い家具を安定してつくれるようになりました。

この段階になると少しずつ下請けの仕事を減らしていき、顧客からフルオーダーの注文をたくさん受けるようになりました。自社開発商品のデザインを基に、高さや幅を変えたものをつくってほしい、構造を少し変えてほしい、といった個別のオーダーに応える事業形態ができあがりつつあったのです。

ただその一方で、自社開発商品とまったく同じテーブルを30台用意してほしい、といった従来の大量生産に近い注文もありました。

前者のフルオーダーに近い製作では、図面作成から一つずつ丁寧に工程を踏むことになるため時間や人件費がかかります。その分単価は高くなるものの、常に一定の需要が見込めるわけではありません。一方で後者はすでに開発した商品の図面１枚でたくさんつくれるので工数は少なめです。利益率としては低くなりますが、1回の注文で大きな売上が立てられます。

フルオーダー方式の少量生産か、自社商品の量産に応じる多量生産方式か。どちらの路線に進むべきか、本来であれば経営者に判断が委ねられる場面だと思います。

しかし私はあえて両方の注文に応える「多品種変量生産」の方針を決めました。製造業の生産方式でよく耳にするのは、少品種多量生産と多品種少量生産です。自社商品をつくる前までの私の会社は少品種多量生産でした。元請けからの要求に応じた箪笥をたくさんつくることに長けていました。少品種多量生産はやることが決まりきっているため効率化しやすく、生産性は高い傾向です。元請けからの継続的な発注が確約されていれば、会社に安定した収益をもたらすことができます。ただ技術者の腕を問わない無難な家具を納品することになり、同業他社との競争が激しくなりがちです。最終的には価格競争に巻き込まれ、コストダウンに対応できないところから経営が疲弊していくことになります。かつての私の会社がまさにそのような状況にありました。また少品種多量生産は業務工程が決まりきっているゆえに柔軟性が低く、需要の移ろいに急速対応できない弱点もあります。家具業界においては、人間の手だけで少品種多量生産を貫いていた工場は、機械化してより安く効率的に家具をつくれる工場に仕事を次々と取られてしまいました。さらに生活様式の変化や需要の多様化についていけず、廃業を余儀なくされる家具メーカーも後を絶ちません。

また少品種多量生産は、私がかつてそう感じたように、モチベーションを維持するのが困難です。決まりきった仕事を毎日し続けるのが苦痛と感じる人は多く、人材が定着しにくいという弱点もはらんでいます。

そこで製造業の間で広がりつつあるのが、顧客の注文に合わせた特注品種を少量ずつ生産する多品種少量生産です。これなら仕様変更がスムーズに行える生産体制を構築しているため、顧客のニーズの変化にも敏感に対応できます。日ごとに違った仕事ができるので、従業員のモチベーションが保てるというメリットもあります。ただ一方で、仕様変更のたびに業務を見直す必要があり、生産性は少品種多量生産と比べて低く、納期も長くなりがちです。数量が限られてしまうため、生産コストも高くなってしまいます。

この多品種少量生産の発展系として注目されつつあるのが変種変量生産です。その名のとおり、品種も生産量も需要に応じて変えていく柔軟性に振り切った生産方式になります。これはいわば市場のグローバル化や需要の多様化・複雑化に対応するために生まれた、日本の製造業が生き残っていくための苦肉の策ともいえます。ゆえに課題も多く、例えば家具業界だと、日ごとにつくる家具の種類や生産量が上下するため、素材の仕入れを予測するのが難しくなります。素材は海外からの輸入が主ですから、生産不透明性の高い変種変量生産では在庫管理にかけるコストが余計にかかってしまうのです。

そこで私の会社では、常にたくさんの種類に対応できる生産ラインにし、注文に応じて量を変える多品種変量生産を採用しています。これはいわば多品種少量生産と変種変量生産のいいとこ取りのような生産方式です。

マンションや学校などに納める家具を数百個つくるといった注文にも応じながらも、一点物の家具の注文にも応じる、というかなり幅広いニーズに応えていきます。

この生産体制を実現するのに鍵となるのは技術指導です。大量生産と少量生産、どちらにも対応できるような技術者を育てなければなりません。また工場内の生産ラインも、臨機応変に対応できる仕組みづくりが必須となります。

管理する側としても、どれだけの生産量そして売上が見込めるのか、人材をどこにどう配置するべきか、常に気を配っていく必要があります。幸い私がそういうことを考えるのが好きというのもあり、楽しみながら多品種変量生産に挑んでこられています。社員たちも、昨日は同じキャビネットをたくさんつくる日だったけれど今日は完全フルオーダーのテーブルをつくる日というように、メリハリの利いた働き方ができるためマンネリ化しにくい働き方ができていると感じています。

自社で最初から最後まで一貫して家具をつくっているからこそ実現できるのが多品種変量生産です。新しい販路を見つけていくために、特に家具業界ではいろいろなお客様の要望に応えていく必要があります。時代の流れがあってこのような方式に落ち着きました。

業界の風潮、時代の流れを読みながら、生産方式や生産ライン、そして人材育成の見直しをしていき、社会に適応していく姿勢が大切です。

大手百貨店で敢行した無謀チャレンジ

自社開発商品を売り込むため、家具販売店の販売員と直接つながる機会を設けたい。だからといって販売店を一件一件営業して巡るほどのリソースがあるわけではない。そこで思いついたのが都心の百貨店に自社商品を置いてもらう戦略でした。数百社の居並ぶ競合だらけの展示会でアピールするのではなく、片手で数えるほどの精鋭しか参加することのできない場所への商品展示を狙ったわけです。

都心の百貨店なら一般消費者の目にたくさん触れるだけでなく、家具販売店の関係者も足を運びます。トレンド発信の源でもある百貨店のお墨付きとあれば、販売店からの信頼度も格段に上がって、一気に取引先を増やすことができます。

そのためにはまず、百貨店家具売り場担当の販売員たちに気に入ってもらい、商品を取り扱ってもらうことが先決です。ターゲットは見据えることができたものの、挑戦ハードルとしては非常に高いものでした。

なにしろ佐賀県にある従業員50人ほどの小さな家具メーカーです。真正面から「うちの家具をぜひ置いてください」と頼み込んでも、まず相手にしてもらえません。自社商品パンフレットを渡せたとしても、中身も見ずに「検討します」という返答がもらえるだけで、以降音沙汰なしで終わるか、だいぶ待たされたあとに「社内で協議検討しましたが……」と言葉尻を濁らせながら断られる結末が目に見えています。

販売員が商品の魅力に気づいてくれれば、熱意を持って上司に掛け合ってくれ、置いてもらえるはずです。百貨店家具売り場に置いてある他社の家具と、同等あるいはそれ以上のものをつくっている自信はありました。うまいこと販売員の目に触れるチャンスをつくれないだろうかと知恵を振り絞りました。

その結果、私が取ったのは、パンフレット放置作戦という無謀なチャレンジです。開店時間に新宿の百貨店を訪れ、一目散に家具売り場へ向かいます。家具を物色している客を装い、販売員が目を離している隙に、取扱家具のパンフレットが並んでいるコーナーへ歩み寄ります。そしてバッグからそっと自社パンフレットを取り出し、さりげなく紛れ込ませたのです。

今振り返ってみるとよくこんな危険な橋を渡ったなと思います。悪いほうに転がれば、売り場の怒りを買って出入り禁止を食らってもおかしくありません。しかしこのくらいの賭けをしなければ、思い描く未来には届かないと、当時の私はリスクを取ったのです。

数日後、百貨店家具売り場の現場責任者から電話がありました。「御社の商品リストが売り場に置いてあったのですが」という問いかけに対し、「すみません、勝手に置かせていただきました」と、できるだけ笑い話にもっていけるよう答えました。そしてその勢いのまま、「ぜひお取引がしたいと思ったのです」と、商品のアピールをしていったのです。「勝手に取扱外のリストを置くな」と開口一番に怒鳴られることも覚悟していましたが、内容は１８０度違っていました。見覚えのないパンフレットに最初は困惑したそうですが、実際に中を見るや自社のデザインを気に入り、こうしてコンタクトを取ってくれたのでした。ちょうど展示会が開催されるタイミングだったのでこちらまで足を運んでもらい、実際の家具に触れてもらいながら商談をし、注文に至ることができました。

ややグレーな戦法ではありましたが、大幅な売上アップの見込める太い販路を見つけることが叶いました。新宿の百貨店という、メーカーたちの憧れともいうべき場所に自社商品が展示される光景を見たときの気分は、それはもう格別でした。居並ぶ大手の家具たちと引けを取らない見栄えをしている、と自画自賛をする一方で、ここからが勝負だと身が引き締まる思いでした。パンフレットを最初に見つけてくれた販売員はかなり惚れ込んでくれたようで、売り場を訪れる顧客にまず私の会社の家具を売り込んでくれていたようです。おかげで一般消費者の方からの購入も一気に増えました。百貨店の影響力の凄まじさを思い知りました。

展示開始から間もなく、全国各地の家具販売店オーナーから「うちの店にもぜひ」という依頼が舞い込むようになりました。当初の目論見どおり、百貨店を拠点にして、販売網が全国へと一気に広がるようになりました。こうして、佐賀県の片隅にある小さな家具メーカーは、沖縄から北海道すべての都道府県に取扱店をつくることができたのです。

隣県にある大川の展示会だけに営業の窓口を絞って新商品を発表し続けるやり方だと、なかなか販路が拡がらず、自社商品販売事業の成長は緩やかなスピードにとどまっていたかもしれません。ニーズの変化についていけず、泣く泣く開発を諦め以前の下請けメーカーに逆戻りしていたかもしれません。

本当に自分たちが出会いたい顧客はどういった層で、彼らはどこに頻繁に出没するのか。彼らと知り合うための最短最速な方法はなんだろうか。その答えを追求していったからこその、百貨店への商品展示でした。リスクははらんでいましたが、このくらいの覚悟がないと、地場産業が生き残ることはできないのではないかとも感じます。

理念が従業員のモチベーションを引き上げる

私は新たな経営方針として掲げた下請け脱却の一環として、新商品開発のための素材探しや営業活動を行ってきました。それらは会社の現在地と時代の流れを見据えたうえでの「やり方」です。

しかし経営は「やり方」だけでは必ずしもうまくいくとは限りません。何のために経営をするのか、その思いの源を探し当てて明確にしておかないと、目的を見失ってしまい、経営は前へ進むのを止めてしまいます。大切なのは会社の「あり方」、すなわち理念というべきものです。「やり方」と「あり方」の両方がなくては正しい経営はできません。

私もこれまでいくつもの企業を業種問わずに見学してきましたが、経営がうまくいっているところと、従業員が伸び伸びと働いているところには大きな共通点があるのに気づきました。それが理念の確立と浸透です。

パナソニックの創業者である松下幸之助氏も「企業経営の成否の50％は経営理念の確立と浸透で決まる」と言っているくらいです。氏の言葉が正しいのなら、理念をつくりだし、社内外に向けて浸透させていく仕組みづくりができてこそ、経営は長く続けていくことができるわけです。

私が社長に就く以前、つまりつくればつくるほど儲かる時代であれば、地場産業が自社の存在意義を言語化する必要はなかったと思います。しかし平成不況の荒波が押し寄せてくると、次第に会社の業績が右肩下がりへと傾いてくるようになります。先が見えない業界でなぜ働いているのか、その理由を従業員たちは考えるようになるわけです。そして会社の存在意義や働く意味を見いだせなかった人から次々と離れていき、売上減と人手不足のダブルパンチで経営が立ち行かなくなるのが、不況下の地場産業の傾向でした。

しかしその一方で、厳しい最中にあっても人が去っていく惨事に見舞われることなく、むしろ心を一つに、より強固にして苦難の時代を乗り越えていく地場産業もありました。時代のうねりにのみ込まれる会社とそうでない会社、その差を生んでいたのが会社の存在意義、つまり理念の存在でした。そして私の会社も、当時のバブル崩壊後の時代を乗り越えていくため、会社のあり方を根底から見直し、従業員全員の意識やモチベーションを高く保つため、理念の確立と浸透を目指したのです。

バブル崩壊後の混迷の時代につくられた、私の会社の理念はこちらです。

人々の暮らしに感動と幸せを提供できる商品を創造し、
社員一人一人が意義ある仕事を通じて、
自主性と責任感を身につけ成長し、
人と社会の発展に貢献する

この理念に従って、私は常に経営判断をしています。これに反する選択をすることはありません。今私が実践している経営のすべてがここに集約されています。

この経営理念を柱に、私から従業員みんなへのメッセージとして、日々の仕事に活かせるよう作成した理念が、「レグナテック５ヶ条の心得」です。

・私たちは、家具・インテリア業界のモデル企業を目指し、人々に美しく心地よい暮らしを提案します。
・私たちは、自己成長と自己実現を追及する環境をつくり、会社の繁栄と社員の物心両面の幸せを実現します。
・私たちは、お客様・協力会社様へ、常に感謝の気持ちを忘れず、誠意を持って仕事に取り組みます。
・私たちは、人と自然と技術の調和を考えながら、資源の有効活用と循環に努め、地球環境と共生します。
・私たちは、「夢・時間・出会い」を大切にして、謙虚な心と前向きな言葉で、無限の可能性に挑戦します。

理念をつくっただけで満足している会社も多いのですが、社内全体に行き届かせないと意味がありません。私の会社では毎日朝礼時に唱和したり、工場内の一角に掲示したりして社内に浸透するための努力を続けています。

また従業員の働く意味を見いだすことだけが理念の役割ではありません。暗唱し、心の奥底にまで浸透すると、自然とこれに反する行動ができなくなります。家具・インテリア業界のモデル企業に反するような行為は決してしませんし、地球環境に配慮できていない行動も慎み、傲慢な態度をとったりネガティブな言葉を吐いたりすることがなくなります。

理念がない企業や、理念はあっても従業員に浸透していない企業は、不祥事やトラブルが起きやすい傾向があると思います。世間的によく名前の通った大企業でさえ、時に不祥事を起こし取り沙汰されてしまいます。もしも理念が従業員一同に浸透しきっていたら、そうした事態にはなりません。

トラブルが起きてしまった際にも、理念を軸にして判断することで冷静な対応が可能です。仕事に思い悩んでいる従業員がいたときも、理念をベースにして一緒に考えていくことで、解決の糸口を見つけることができます。理念は私たち社内の人間たちにとって重要な心の拠り所となってくれるのだと考えています。

理念の浸透によって経営者は安心して従業員たちに仕事を任せられるようになります。そして経営者として最優先で取り組まなければならない業務に全力で臨むことができるのです。だから私も従業員に全幅の信頼を置くことができています。

理念作成のポイントは、できるだけ多くの企業の理念を集めて参考にすることです。私も心に残った他社の理念やその一部を拝借して、自社に合った理念を紡いできました。混迷を極めていた時代に会社のあり方を整理し理念を生み出したことは、会社の寿命を引き延ばす大きな要因となりました。とはいえ、今の理念を妄信する必要があるとも私は思っていません。

平成不況を脱し、ＡＩをはじめ著しい技術の進歩がもたらされ、さらには働き方改革が推進される新しい時代へと突入しています。社会の変化に応じて人々の意識も変わり、求められるものも変わっていきます。一方で人口問題や異常気象などといった問題も抱える現代では、今までの考え方にこだわっていては乗り切ることができなくなります。

だからこそ時代の変化に合わせた新しい理念をつくっていくべきです。

理念は一度つくったらそれで満足すべきものではありません。理念に従った経営が難しく感じられるようになったら、直ちに時代に合わせた理念へと変えていくことが大切です。新しく不透明な時代のなかにあっても、会社のあり方を再定義することで、従業員が戸惑うことなく働き続けられる絆の強い会社にしていくことができます。

理念をまだ明確につくっていない、あるいは先代がつくったものをそのまま流用している、という経営者には、この機会に時代に寄り添った理念を再定義してほしいと思います。そして浸透に力を入れてみてください。会社のあり方が明確になり、より従業員たちが志を一つにして、仕事に取り組んでいけます。

「常時見学可」が従業員の意識を変えた

同業種異業種問わずで、他社が実践していることでいいなと感じたものは、どんどん取り入れるようにしています。基本的にはある程度うまくいっていると感じているのですが、時には現場の反応が芳しくなく「前のほうが良かった」という意見が多数を占めて、元の状態に戻すこともありました。そこは私の意見を押し通すのではなく、現場の声を重視するようにしています。トップに話しかけやすい雰囲気をつくることは大事だと思っていて、会社にいるときは1時間に1回は工場に顔を出して、現場の声をできる限り拾い上げるようにしています。

これまでやってきたなかでも特に絶大な効果を発揮していて、製造業を営む方々に強く推奨したいのが工場見学の開放です。これも他社がやっているのを見て素晴らしい効果が期待できると確信し、すぐに社内で取り入れ実践しました。

工場見学実施にあたっては、見学者用の通路を場内の壁際ぐるっと一周に設け、道具や資材などを壁際に置くことがないよう生産ラインを見直しました。以前は壁際に廃棄物を放置したり資材の残りを立てかけたままにしていたり、工場内はいつも散らかっており見た目も良くない状態でした。健康被害や火災など、ゴミの溜め残しはどんな被害を招くか分かりません。工場見学をきっかけに、壁際には何も置いてはいけないというルールをつくることで、場内の片付けや整頓がしやすい環境をつくることができました。

ファッションモデルは、常に周りから見られているという意識があるからこそ、抜群のプロポーションを保つことができます。これと同様に、工場内で働く私たちも、見学に来た方に見られるかもしれないという意識が常に働き、きれいな状態を維持しようと努めます。この意識が芽生えたことで、場内がいつも清潔なだけでなく、転がっている物を踏んで怪我をするといった労働災害も目に見えて減りました。

また、工場見学を実施する際に決めた大胆な試みとして、会社の情報をなんでも公開するようにしています。自社独自の技術が発揮される私たちの商品を特徴づける差別化部分も、隠すことなく見学できるようにしたのです。これには技術者のなかから反対の意見も挙がったのですが、私はいっこうに構わないと考えていました。設備はお金でなんとかなっても、技術は一朝一夕で身につく生半可なものではありません。競合が私の工場へ見学に訪れ、技術を目で盗んで、数年かかって体得したとしても、その間に私たちはさらに上の技術を身につけていきます。ですから技術を見せることで競合に負けてしまう、ということは絶対にあり得ないのです。むしろ家具業界全体の技術力の底上げになるのであれば、見たいものはなんでも見せてあげたいという気持ちでいました。

先月の返品数といった会社にとってネガティブな数値も壁に貼り出すようにしています。恥ずかしい、同業に見られたくない、という声も現場からはありましたが、これを外部に公開してこそ意味があると思っています。こうすることで、次はもっと恥ずかしくない数字を出せるようにしよう、といった気持ちを高めることができます。地域の家具メーカー全体にとってもいい刺激となり、産業の品質向上につながるともとらえています。

見学には同業だけでなく異業種も訪れますし、地元の小学生も社会科見学としてやって来ます。どれだけ忙しくても従業員はみな見学者に丁寧に挨拶をして、誠心誠意おもてなしをするよう努めています。見学者から質問を投げかけられたら、作業の手を止めて、きちんと説明をするようにもしています。思いやこだわりをつくり手が直接伝える。たったこれだけのことで、業界に対する印象を大きく変えるものです。この積み重ねが、将来の会社の成長や利益につながっていくわけです。当初は後ろ向きな意見も多かった工場見学ですが、今では従業員一同なんの抵抗感を抱くことなく、当たり前の業務対応の一つとして、見学者を快く迎え入れています。

製造業の会社であれば、ぜひこの工場見学というのは一案として検討してほしいです。ここで紹介した工場見学メリットは一部に過ぎません。想像以上の恩恵を会社にもたらしてくれるはずです。

時代の変化に合わせることで達成した下請け完全脱却

値段だけを見られるような取引はしたくない。職人たちが丹精込めてつくった家具の品質を評価して取引してほしい。地場産業としての意地と高度な技術を見せつけるべく、自社商品開発を決め、さまざまな挑戦を続けました。

最先端の機器に投資して、素材やデザインにもこだわって、新しい生産体制のなかで時代のトレンドに合わせた自社商品を開発しました。家具展示会で新作を発表し、個人向け販売店もオープンし、ついには百貨店にまで置いてもらえるようになりました。商品を納品する販売店は全国に広がり、私の会社は下請け体質からの完全脱却を成し遂げることができたのです。安価な箪笥を大量生産するだけだった佐賀の地場産業家具メーカーは、顧客のオーダーに応じて柔軟に商品をつくる、高級路線のトータルインテリアメーカーへと変貌を遂げました。

かつての下請け企業から、ここまで大きく発展できた理由は、徹頭徹尾、現場を巡って、世の中の動きや人の考えの変化を敏感に読み取ってきたからです。そしてそこで得た知識や考えを経営に反映させ、常に変化し続けてきたからです。

現場とは自社内のことだけではありません。海外の家具見本市に足繁く通って最先端の家具を学びました。展示会への出展を繰り返して顧客のニーズや消費者のライフスタイルを敏感に感じ取り商品開発に活かし、理想の販売店と出会うことができました。山奥の製材所を直接訪ねることで、世に求められている木材を理想の条件で仕入れることができました。情報を覆い隠すようなブラックボックス化した経営は時代にそぐわないと感じたから、工場内を常時見学可能とし情報をできるだけ公開するようにしました。そして従業員の声もたくさん聞き入れて、会社にとって本当に必要なことは何かも、常に探求し続けてきました。

会社の外へ頻繁に出て情報を自ら取得しなければ、視野の狭い時代錯誤な経営に陥ってしまいます。積極的に外へ出ていく現場や現地にこだわるスタイルが、これだけの結果を導いてくれたのです。

現場で実際に見て、触れて、体験することで得られた情報と感覚は、資料やネット上でのどんな情報よりも価値あるものです。現場で得た時代の最先端の技術や考えを自身にインプットし、経営に速やかに反映させる迅速な判断力と行動力は、小さな企業だからこそできる強力な武器です。

規模の大きな企業は資産には恵まれていますが、新しいことを実行に移すためには多くのステップを踏むことが必要になり、時代に合わせた経営を速やかに取り入れることはできません。大企業がもたついているうちに先手を打つことが、私たち小規模の地場産業が生き残るための秘訣です。

自社にこもっていたら時代の変化を感じ取ることはできません。地場産業の経営者は、たくさんの現場や現地を巡って、現実を知り、時代に合った経営を目指すことが大事です。自社の新たな商品やサービスのヒントを得るには、理想の取引先に出会うためには、新しい顧客や人材に振り向いてもらうには、これが最善の方法です。

第4章

「国内で売れない＝衰退産業」ではない

“日本人の誠意ある仕事”は海外の市場にこそ求められている

ショールーム開設から見えてきた次へのステップ

各都道府県に取扱店ができ販路を順調に拡大できていたものの、まだまだ安心はしていられません。日本国内の人口減少は歯止めがかかりませんし、消費者の需要も刻一刻と変化していきます。私の采配ではどうしてもコントロールできない要素があり、この先も売上が順調に推移していくかは分からないのです。国内だけで勝負していても、先細りの需要を取り合う戦いのなかに身を投じることになり、過酷なサバイバルに巻き込まれることは必至です。

そうなると新たなる販路として海外展開を視野に入れるのですが、この段階になると多くの地場産業は尻込みしてしまうようです。日本の地場産業の成す伝統的な仕事が海外に受け入れられるのか。縁もゆかりもない地でどのような戦略を打てばいいのか。海外のスケールの大きさに臆し、世界と競合する地場産業のイメージが描けず、途方もない挑戦だと思って早々に諦めてしまうのが大半のようです。

私も似たような気持ちを抱いていました。佐賀県の小さな家具メーカーが世界有数のブランドたちと太刀打ちなど果たしてできるのか、不安は拭えませんでした。下請けを脱却し商品力や営業力が高まり、海外でも通用するサイドテーブルやキャビネット、ショーケースやインテリアアクセサリーなども開発していましたが、言語も違えば文化も伝統も違う国の人たちに、自社家具を気に入ってもらえる保証はどこにもありません。

商品に自信はあるが、何かが足りない。これまで海外の展示会で見てきた家具たちと比べて、品質では絶対に負けていないが、何か別の要素で負けている気がする。その不安が払拭されない状態で、海外展開に挑戦する気にはなれませんでした。

世界で勝負をするための最後のひと押しを模索していた２０００年頃、一つの転機が訪れます。

３カ月に１回開催される大川の展示会はスペースに限りがあり、よくて20品くらいしか家具を展示することができません。すでに３００種以上の自社商品をつくっていましたから、これだけのスペースでは自社商品すべての魅力を伝えきれないもどかしさがありました。

全国からたくさんのバイヤーがせっかく足を運んできてくれているのに、自信のある商品たちを堪能してもらえないのは悔しい。それなりの敷地を有する個人向けの販売店はあったものの、アクセスが悪いためにバイヤーは訪れてくれません。自社商品を存分に、できればフルラインナップで見てもらえる場所が必要だと感じたのです。

そこで２００４年、工場の隣に業者向けのショールームを開設しました。これまで家具の量産化と在庫管理のために使っていた自社倉庫をショールームへと改築したのです。大川の展示会のメイン会場から筑後川にかかる橋を２つ渡るだけ、車で10分ですからアクセスは抜群です。展示会で自社の家具を数点見て、興味を持ってくださった方をこのショールームへ誘導するという新しい導線を引くことが叶いました。展示会開催日以外の日でも開けておき、いつでも業者の方が家具を見に来られるようにしました。この効果は大きく、販路をさらに拡げるのに一役買ってくれています。

その後もショールームはさらに敷地面積を広げて改修を繰り返し、現在４００坪という広さを有しています。業者だけでなく一般の方へも開放するようになり、直販にも対応した小売店とバイヤー向け展示の両方を兼ねた営業を行っています。またインターネットでもバーチャルショールームを公開していて、現地に行かずとも内部を疑似体験できるようになっています。

ショールームに自社商品をずらりと展示したのは、実は営業開拓のためだけではありません。ショールーム内に家具を使った生活空間を演出すると、自然と「何が足りないのか」が見えてきます。例えば寝室を表現した区画にはベッドや寝室収納などが置かれるのですが、「ここに小さな椅子があるとより生活が充実しそうだ」「もっと小物が入れられる収納があると便利そうだ」というように、次に開発する家具の着想を得ることができるのです。

そのように創作意欲の赴くままに、次から次へと新作を生み出し、展示会で発表するとともにショールームへ追加していきました。気づけば４００種に迫る点数となり、地場産業家具メーカーとしては異例の自社商品数を抱えることとなりました。

これらが並ぶショールームは壮観ではあるものの、いまだに私は物足りない気持ちでいました。これまで生活の隙間を埋めるためにアイデアを出しては新しい家具を開発してきましたが、こうして見渡してみると統一感に欠ける印象がありました。それぞれの家具は本来の目的を達成した理想の機能と品質を持っていますが、それだけでは使う人たちの心を完璧に満たすことはできないと感じたのです。

もっと使う人ごとの生活に寄り添って、満足してもらえる家具をワンセットで提供したい。そのときに漠然と浮かんできたのが、家具をブランドとしてシリーズ化し、デザインに一貫性を持たせるというアイデアでした。レグナテックの家具という大きな括りではなく、レグナテックのなかで新しいブランドを創出しプロデュースするのです。

思えば海外はブランドとしての価値や魅力をどれだけ出せるかが、家具の評価を決定づける重要な材料となっていました。ロゴがあり、立派なカタログがあり、コンセプトを表現するきれいな写真や目を引くワードが散りばめられていて、ディスプレイの仕方にもブランド価値を感じる演出が施されていました。

これまで消費者が必要としていそうな家具をつくることばかり考えていましたが、もっと家具たちにイメージや意義を与えていかないと、私たちの商品を選んでもらう理由にはなりません。

こうして私はブランドを立ち上げることを決意し、すぐさま行動に移したのです。

ブランド立ち上げの狙い

当時の家具業界において、自社ブランドを立ち上げている地場産業の家具メーカーは、ほぼなかったと記憶しています。自社商品を持っていることはあっても、ロゴやコンセプトといった、家具のイメージ戦略に力を入れているところはなかったのです。

思い立ったらすぐ行動の私は、まずブランドのコンセプトを固めていきました。シンプルかつ飽きのこないデザインで、人々の生活に自然とマッチするデザインのシリーズを考えました。また大きな特徴として、違う素材、違う形をしていても、ブランド全体がうまく調和できるような家具たちを生み出そうと考えました。

これまで自社商品をショールームに並べる際は同じ素材や同じ形のものばかりでまとめていました。これなら確かに見栄えはよく、違和感は少ないです。しかし実際の生活のなかに入ったときはまた違ってきます。例えばダイニングチェアは、全部が違う形をしているほうが正しくて生活にしっくりくるものです。夫婦であれば、奥さんが小柄なら小さいものが使いやすいですし、お子さんにはよりコンパクトで手触りのいい材質の椅子を用意してあげるべきだと思うわけです。そして高さも素材も違うダイニングチェア同士が一つの食卓を囲んでいても調和が取れていて、統一感と魅力であふれている。家具を見た瞬間に生活をイメージできるような、新しいタイプの家具ブランドをつくろうと決めました。これは私のブランドならではの発想です。

ブランドのコンセプトが見えてきたら、ロゴを考案し、家具をデザインし、ブランド専用のカタログもつくりました。すべて私のプロデュースで、これまでの家具人生で培ってきた技術や知識や経験をすべて集約させました。

こうして２００４年、私の人生初にして会社初のブランド「CLASSE」が立ち上がりました。この「CLASSE」というブランド名は、イタリア語で「階級」の意味を持つ単語で最上級の暮らしをイメージしています。

衝動に駆られてのブランド設立でしたが、ほかにも経営的な狙いがいくつかあります。まずはイメージの一新です。下請け脱却とともに高級路線へと乗り出した私の会社でしたが、まだまだ安物家具メーカーという以前のイメージは拭いきれていませんでした。

レグナテックという社名のイメージはなかなか変えることはできませんが、ブランドでしたらまっさらな状態からイメージをつくっていくことができます。CLASSEを通じて私たちがどのような家具をつくろうとしているのか、新しいイメージを植え付けていくことが狙いとしてあったわけです。ロゴを制作し、質の良いカタログをつくったことで、「高級感のある家具のブランドなんだな」というイメージを顧客に定着させることができました。

ほかの大手の家具ブランドと同列に扱ってもらえるようになると、これまで関わることのなかった顧客層にも興味を持ってもらえ、新しい市場開拓が見込めます。社名よりもブランド名を前に押し出す作戦は大成功でした。

そしてイメージを一新した先にあるのが認知拡大です。ブランド名やロゴといったシンボルがないと、一つの家具を気に入って使ってもらえても「この家具ってどこのだっけ」となって次への購入につながりません。販売店の印象にも残らないため、継続的な取引が難しくなってしまいます。いい家具止まりで終わってしまうことを避けたく、ブランドを広めていくことに重点を置こうと思いました。家具を買おうと思ったらまず

CLASSEを思い出してもらえるほどに認知を拡大できる、ブランドにはそれだけの威力があります。

これらの、イメージ一新、市場開拓、認知拡大といったものは、ブランドを立ち上げるにあたってよく挙げられる狙いの部分ですが、私としては家具業界にはびこっているある商習慣を覆したいという思いもありました。それは価格の一律化です。

家具業界の特定のエリアだけの習慣かもしれませんが、定価とかメーカー小売価格という概念が業界には薄く、取引先ごとで価格が上下することは当たり前でした。よく接待してもらっている取引先には安く卸す。長いことお世話になっているから割り引く。この商習慣が先代の頃から当然のように定着していて、相手の顔をうかがいつつ値踏みしていく交渉方法が、私にはどうしてもなじめませんでした。このやり方が、家具職人の方たちの素晴らしい仕事によって提供されている価値を、大きく毀損させてしまう一因になっていると感じていたからです。このような値引きに応じないよう、ブランドというかたちを通じて固定化し、カタログにもきちんと価格を明記するようにしました。その分、保証書をつけて、売って終わりではなく責任を持ってアフターケアにも対応するブランドであることをアピールしたのです。このような戦術で既存の商習慣を打ち破ろうとしたのは、これまで地場産業の下請けメーカーとしてやっていた業界としては、かなりセンセーショナルな挑戦だったかもしれません。

さらにブランドの狙いとして、かねてよりの目標であった海外展開の足がかりとしたい意向もありました。かつて世界最大の家具見本市ミラノサローネを訪れた際、いつか世界で勝負できるようになりたい、このミラノサローネにも自社の家具を展示したい、という夢を描きました。ただそこに至るにはまだ何かが足りないと思っていましたが、ブランドの立ち上げによって最後のピースが埋まりました。一気に海外展開へのビジョンが明確になったのです。これまで海外の要所を巡っていくなかで、日本の職人による丁寧な仕事は世界に引けを取らないと確信していましたし、日本の工芸品たちが放つ和の独特な雰囲気に海外の人たちが魅了されている事実もつかんでいました。CLASSEというブランドを引っ提げて勝負を仕掛ければ、諸富の家具だって世界へと販路を拡げていけるはずです。

と、ブランド確立にあたっての狙いをいろいろ書いてきましたが、やはりなんといっ

「CLASSE」立ち上げの狙い

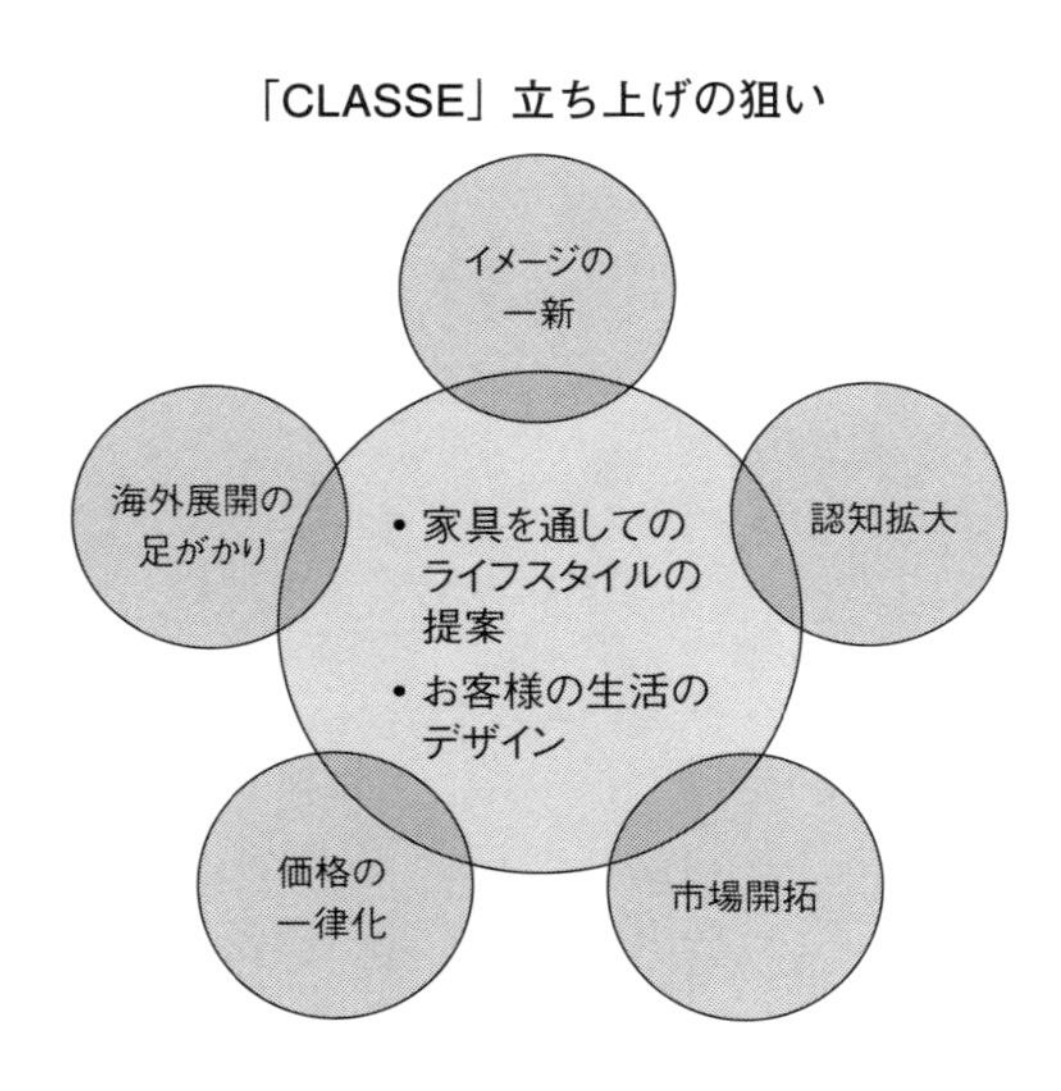

ても、家具を通してのライフスタイルの提案、お客様の生活をデザインしたいという思いがいちばんの源です。

これまで、買っていただいた家具を購入者の自宅まで届けた経験を何度もしてきました。せっかくいい家具を買ってくださったのに、すぐ隣に安物のカラーボックスが置かれていると、非常にアンバランスで全体からあふれる印象が悪く、とても残念な思いを喫したことが何回もあります。私のデザインした家具を置いてもらえれば、もっと雰囲気が統一し快適な暮らしが実現できます。もっと無駄のない空間の使い方ができます。そ

上：CLASSEのリビングボード
下：CLASSEのダイニングテーブルセット

んな提案をしたくなるのを堪えたことも幾度となくありました。もちろん高価な買い物にはなりますが、長く使うことができる品質なので、長期的には経済面にもメリットがあります。そこをもっとアピールできたらいいなと思っていました。ブランドであれば、それを時間をかけて伝えずとも、感覚的に理解してもらえ、購入者にベストの選択をしてもらえます。

トータルメーカーとしてただただ家具を取りそろえ販売するのではなく、生活空間のトータルコーディネーターとしてありたい。それがブランドをプロデュースしたことの真の狙いだったわけです。

小さな地場産業こそブランドで突き抜けられる

「小さな地場産業がブランドなんて大風呂敷を広げてもうまくいくわけがない」

「ライフスタイルの提案で売上を伸ばすなんて、そんなこと本当にできるのだろうか」

そんな反論や疑問も聞こえてきそうですが、すでに紹介した今治タオルの成功を見れば、ブランドをつくりうまく運用することで商品価値が高まり、事業売上がV字回復することは明らかです。安いものを短期間で使い倒すというニーズから、いいものを長く愛着を持って使っていくニーズへとタオルの価値観を塗り替えた今治タオルの功績は、非常に大きいといえますし、これもブランドのなせる業です。

「今治タオルは組合という大きな集合体の支援があって実現できたものだから、一つの企業が少ないリソースで孤軍奮闘したところで太刀打ちできるのか」

そのような疑問も湧いてきますが、ＳＮＳやＥＣサイトの普及の恩恵もあって、最近は小さな企業でもブランドをつくることで売上を伸ばした例がたくさんあります。

例えば有田焼の産地として知られる佐賀県有田町では、１９７０年代後半にピークを迎えた窯元の数は、海外からの安価な食器の流入やライフスタイルの変化などの影響を受け、最盛期の６分の１にまで落ち込んでいました。しかし、陶磁器ブランド「1616／arita japan」は、今では国内外で高い評価を得ているブランドです。そのきっかけとなったのが、デザインを通じたブランド化でした。

４００年の歴史を持つ有田焼の技術を背景に、百田（ももた）陶園代表取締役社長の百田憲由（のりゆき）氏は、新しい挑戦を図ります。これまでの伝統的な製品に加え、現代の生活様式に合わせた新しいデザインの製品を開発する方針に転換したのです。

百田氏は、有田焼の伝統的な技術を持つ職人たちと、国内外で活躍するデザイナーとの協働を推進しました。その結果、伝統的な技法を活かしながらも、現代の食卓になじむシンプルなデザインと、使い勝手の良さを兼ね備えた器を次々と生み出しています。

大量生産ではなく品質にこだわった丁寧なものづくりを続けながら、手の届きやすい価格帯を実現したことも、「1616 / arita japan」の特徴です。これは、流通経路の見直しやオンライン販売を強化し、中間コストを削減したことで実現しました。

さらに、同ブランドの世界観を伝えるため、直営店やウェブサイトのデザインにも力を入れています。シンプルながらも洗練された器は、有田焼のイメージを一新し、多くの人の心をつかんでいます。

このような大逆転ができるのですから、ブランドの影響力は絶大です。しかも大きな設備投入や営業展開を行わずともできるのですから、自分たちのできる範囲でスタートしていくことが、小さな地場産業のブランディングのポイントです。

ただロゴが良かった、見せ方が良かった、ライフスタイルの提案が良かった、だけではうまくいきません。地場産業ブランドの成功というのは、長く受け継がれてきた伝統の技術や味があればこそだということは忘れてはいけません。発想の力も大切ですが、根本にある地場産業としての実力を大切にしたいものです。

台北出店で感じた海外展開のハードル

ブランド「CLASSE」を立ち上げ、世界と勝負ができる体制と自信を得た私は、いよいよ海外展開へと動き出しました。

その第一歩として狙い澄ましたのが台湾です。

私は三兄弟の長男なのですが、末の弟が長く台湾で飲食店を経営しており、その関係でかねてより同国とは交流がありました。その弟の飲食店の目と鼻の先に家具を展示するのにちょうどいい物件があるということで、何も知らない国よりはまず縁のある国から、と台北への出店を決めたのです。そこは家具の販売店が集積している場所で、台湾有数のメーカー直営店も出店していました。家具目当ての人が数多く通るため立地としては良いものの、手強そうな競合メーカーがひしめいていました。

台北は佐賀空港から飛行機で2時間30分、家具の輸送も負担が少ないことから、海外第1号としては挑戦するのに最適でした。現地で2人スタッフを雇い、2015年から営業をスタートしています。

3年間台北での経営を続けましたが、決して楽な戦いではありませんでした。台湾には日本の地場産業と同様に実力と伝統を兼ね備えた家具メーカーがたくさんあり、家具集積地での競争は厳しく、なかなか私たちのような海外メーカーに付け入る隙はありませんでした。日本で製作し輸入を経て商品をそろえている分、現地メーカーの家具よりどうしても高値になってしまいます。品質面では拮抗できても価格面で避けられてしまう傾向にありました。

しかしこの経験は私たちにとって間違いなく大きな糧となりました。輸送コストを上乗せしても私たちの家具を買ってもらうにはどういった対策を練っていけばいいのか、これについて熟考する絶好の機会となったのです。

やはり海外への挑戦は簡単なものではありません。事前に入念なマーケティングは必要ですし、その国の生活や価値観に合わせた商品の提案も必要となってきます。

いまや世界で圧倒的なシェアを誇るＩＫＥＡでさえ、かつて日本市場へ初めてチャレンジした際は失敗を経験し一度撤退しています。

１９７４年、ＩＫＥＡは初めて日本市場に参入しました。当初ＩＫＥＡは本国スウェーデンと同じ規格の家具を日本でも提供していましたが、これが日本の狭い住居とすこぶる相性が悪く、多くの消費者に評価してもらえなかったのです。しかも宅配サービスがなく、買った家具を自宅まで運ぶのに苦労する有様でした。それであれば、地元の家具屋で日本のライフスタイルに沿った家具を買って、自宅まで運んでもらったほうが圧倒的に便利で魅力的です。マーケティング不足からＩＫＥＡの最初の日本挑戦は苦戦を強いられ、日本の家具の勝利となったわけです。

１９８６年の撤退からおよそ20年後に再びＩＫＥＡは日本に上陸しています。このときは１回目の課題を克服し、日本にフィットした家具を開発販売し、配送サービスも請け負ったため、一気に日本中へと広がるようになりました。日本の家具メーカーや小売店が、海外資本の参入にめったうちにされる時代の入口の頃の話です。

大きな資本を有する企業でも、現地調査や対策をほとんどせず参入するとこのようになるのですから、小さな地場産業が海外進出してもすぐに順風満帆とはいきません。小規模ならではのフットワークの軽さを武器に、自分たちが使える予算の範囲内から、海外を相手にした商いをしていくのが定石になります。

海外展開の最初の一歩を台湾にして正解でした。これが欧米などかなり遠方で縁もゆかりもない地での営業でしたら、コストが膨れて会社経営にも甚大なダメージを与えていたかもしれません。

グッドデザイン賞受賞で海外展開へ弾みをつける

2015年にNC5軸工作機械を導入し、より高度な機械による木材の削り出しができるようになりました。会社の設備が最高潮を迎えたタイミングで、今あるすべての技術を注ぎ込んだ家具を製作し、いくつかの賞レースに参戦して自社ブランドの客観的な評価を得ようと計画しました。

５軸という新しい技術を、直線的な四角い家具ばかりやっていた私たちがフル活用し曲面的で斬新なデザインを発想するのは困難でした。せっかく素晴らしい設備を導入したのですから、賞レースで上位を狙うためにも、大阪府のインテリアデザイナーにデザインを依頼しました。

こうして生まれたのが「ｒ（アール）シリーズ」です。１枚のブナ材をＮＣ５軸工作機械で円柱状に削り出し、テーブルや椅子の脚などに使用しました。植物の幹や枝や葉脈を想起させる、しなやかなフォームが特徴の家具シリーズです。

このシリーズのうちの一つであるコートスタンドがグッドデザイン賞を受賞できたことは、私の会社のエンジニアリングと、インテリアデザイナーのデザインが高いレベルで融合し、ほかにはない秀逸な家具を創出できたことを証明してくれました。

さらに年に１回大川で開催されるデザインコンペにて、グランプリの内閣総理大臣賞に選ばれたことも大きな栄誉でした。審査においては、市場性にも適しているという評

2015年にグッドデザイン賞を受賞したコートスタンド「r（アール）」

価ももらえ、海外展開に向けて大きな弾みと自信をつける出来事でした。

この2つの栄誉ある受賞を経て得た教訓は、社内だけでなく社外の力を頼る大切さでした。

インテリアのトータルメーカーを目指したのだから、デザインも自分たちの手でやっていこう。そう思ってこれまでデザインから製造までを自社内で完結させていましたが、デザイン担当の私はその道の専門家ではありません。長く愛用できる家具の構造は理解しデザインできる自信はありましたが、見る者の心を奪うほどまでのデザインレベルにまでは達しておらず、頭打ちの部分がどうしてもありました。

家具づくりに固執した凝り固まった頭で考えてしまうと、どうしても常識の範疇(はんちゅう)に収まってしまい、斬新かつインパクト絶大な家具を生み出すことはできません。そこで外部のインテリアデザイナーに依頼をしたところ、いきなりこれだけの評価を得られたのです。頭打ちの現状を打破したいなら、その道のプロに力を借りるべきだなと痛感しました。

今治タオルも外部のクリエイティブデザイナーを招いたことで一気にV字回復を果たしています。自分たちだけでなんともならないと感じたら、外のプロに助けを求める。これが正解です。当たり前の発想なのですが、地場産業は伝統に縛られすぎるというか、自分たちだけでなんとかやらなければならないという気持ちが先行してしまうので、どうしても視野が狭くなってしまいます。

視野は広く、プロの力を借りる。この発想に尽きます。そしてこの発想が、その後にやって来る海外展開のピンチを乗り切るヒントとなります。

また、デジタル技術についても、常に最新のものを取り入れるべきということです。

ＮＣ５軸工作機械のような大掛かりな設備投資だけではなく、例えばＳＮＳを積極的に使って情報発信していくといった、些細なデジタルツール活用でも現状打破の可能性は高まります。

地場産業ゆえに、これまで積み重ねてきた伝統を崩すことはできないからと、デジタル導入に抵抗感を示す人がいますが、この意識は絶対に変えていかないと生き残ることはできません。自分たちに扱うことができないというのなら、これもまたその道のプロに相談すればいいのです。

東南アジア最大の家具見本市へ

台北への出店を準備していた２０１５年に並行して進めていた企画が、シンガポールで行われるＡＳＥＡＮ最大級の家具見本市「ＩＦＦＳ（International Furniture Fair Singapore）」への参加でした。

急激な経済成長を遂げるシンガポールは、国全体の面積が佐賀県の３分の１ほどしかありませんが、人口はおよそ7倍と市場規模は膨大です。しかもＡＳＥＡＮ経済の要衝であり、金融や物流、情報の拠点となっています。ＩＦＦＳにはシンガポール国内だけでなくアジア諸国の家具業界関係者が多数参加しますし、オーストラリアやヨーロッパ圏からの注目も年々高まっています。

海外出展にはかなりの費用を要します。行政へ支援を要請し、補助金を受け、ＩＦＦＳへは3年連続での挑戦が決まりました。シンガポールを初めての海外出展先として選んだ理由は、日本から近いので輸送コストが抑えられることと、東南アジア最大の規模を有する見本市であったことでした。そしてシンガポールの世界観がCLASSEのブランドイメージとマッチしやすく、こちらの望んでいる各国販売業者のバイヤーとつながりやすいのではないかとにらんでいました。メイドインジャパン自体に一定以上のブランド価値があると思っていましたから、初めての出展でも一目置かれるのではないかという期待も抱いていました。

それ以外で戦略と呼べるものはなく、とりあえず出せばなんとかなるだろう、くらいの気持ちでの挑戦だったのです。

結論から先にいうと、シンガポールでの最初の展示会参加は、非常に芳しくない結果で終わってしまいました。展示している家具の価値とはまったく関係ないところで苦汁をなめることになってしまったのです。

海外のバイヤーが私たちのブースに立ち寄り、興味を持ってくれたとしても、見せる名刺もカタログもホームページも日本語のみで、どんなブランドであるのかを説明できるほど英語に堪能な人間はこちらにはいません。商談へもっていくどころか、まともなコミュニケーションすら取れないまま、バイヤーたちは呆れたように首を横に振りながらブースを去っていってしまうのでした。君たちは売る気があるのか、と失笑を買ってしまうこともありました。片言の英語でもなんとかなるだろうと気軽にかまえていた自分を恥ずかしく思い、非常に悔しい初海外出展となってしまいました。

この反省を踏まえて、翌2016年の挑戦の際は名刺、カタログ、ホームページといった営業ツールはすべて英語対応にし、中国語と英語を使いこなせる従業員も採用して、万全を期しました。しかし、いくつか商談にまで漕ぎ着けはするものの、取引成立を勝ち取るまでには至れませんでした。

幸い私たちの隣には海外デザイナーのブースがありました。シンガポール人のガブリエル・タン氏という若手のデザイナーがいて、話してみると家具への情熱を燃やす職人気質な好青年だと分かり、すぐ意気投合し名刺交換もしました。なるほど私たちのようなメーカーだけでなく、デザイナー主導によって展示されている家具もあるのか。さすがクリエイティブな集団とあって、ブースのイメージづくりは徹底されており、参考となるポイントがたくさん散りばめられていました。主役である家具のデザインにも工夫が詰め込まれており、海外に受け入れられる商品はこういったものなんだと、刺激をたくさんもらえたのです。私も家具をデザインしている身ではありますが、地方の地場産業がつくった日本人向けのブランドにとどまっており、世界向けのものにはなっていないのだと痛感しました。もっと海外の本質部分を勉強し、ブランドに取り入れていくべきだったと強く反省の念を抱きました。

こうして2年目のシンガポール挑戦も1件の取引成立もないまま、またも消化不良となってしまいました。補助金は3年間だったので、次がシンガポールに出展する一区切りとなります。最後の年こそ何か大きな花火を打ち上げたいという思いがありました。

しかし私だけのプロデュースで世界に求められる家具をつくれる自信は、この2年の出展で大きく失ってしまっていました。アイデアも出尽くしています。このまま同じことをやっても同じ結果が待っているだけです。

海外展開はやはり生やさしいものではない。私たちのような小さな家具メーカーが挑むのは、まだ早すぎたのだろうか。大きな壁にぶち当たった心境でした。

どうしたものかとあれこれ思案していたとき、ふと思い出したのが海外デザイナーとの名刺交換です。

私たち社内の人間だけで製作するのではなく、海外デザイナーの力を借りてみるのはどうだろうか。一か八かの賭けでした。小さなメーカーの家具をデザインするなんて、と門前払いされる可能性もあります。でも、何もやらないよりは、最後までいろいろあがいてみないと、結果はどう転ぶか分かりません。決心すると、さっそくガブリエル・タン氏に問い合わせてみました。

海外デザイナーとの出会いで訪れた夜明け

「ぜひ来年のＩＦＦＳに向けて、一緒に日本の家具をデザインしたい」

ガブリエル・タン氏からの返答は非常に前向きなものでした。「そのためにもまずは一度ぜひ佐賀の諸富を訪れてみたい」という希望も寄せられました。

海外デザイナーが家具デザインの着想を得るためにはるばる佐賀へやって来る。これは面白い試みだと思いました。私も各国の家具販売店や展示会を巡ることで、自社商品開発のアイデアを膨らませてきました。彼も佐賀のこと、諸富家具のことを知り尽くしてから、デザインを深掘りしていきたいという意向なのです。私のほうからも、ぜひこちらに来てほしい、とお願いしました。佐賀で彼とコミュニケーションを重ね、諸富家具にしかつくれない家具を創出し、世界へリベンジを仕掛けたいと意気込みました。

数回のやり取りを経て、さらにプランが練り込まれていくと、彼のほうから思いもよらない提案を受けました。「自分の知り合いには各国のクリエイターがたくさんいるから、彼らにも声をかけたい」というのです。メンバー構成は、ノルウェーやスウェーデンといった家具の本場北欧からインテリアを専門とするプロダクトデザイナー5人、これに加えてスイスのグラフィックデザイナーとフォトグラファー、そしてガブリエル・タン氏も含めて8人です。彼らが一斉に佐賀諸富に集い、1週間ほどかけてワークショップ交流会を行ってから、新しい家具シリーズのコンセプトを固めていこうというのです。

この提案にはどうしたものかと悩みました。もとはこちらからの要請ですから、8人のクリエイターたちの渡航費や滞在費は当然こちら側の負担となります。決して安い出費ではないので、相応の覚悟が必要でした。

同じ諸富の地で家具メーカーを営み、これまで海外展示もともにしてきた平田椅子製作所の平田代表と何度も協議しました。その結果、私の会社と平田椅子製作所の2社が協賛するかたちで、海外クリエイター8人と日本デザイナー2人を招聘した10人でのワークショップ交流会が実現したのです。

正直どうなるかまったく分かりませんでしたが、この決断が、諸富そして佐賀の未来を大きく変えていくことになります。

次回のＩＦＦＳまであと半年と迫った２０１６年11月、ガブリエル・タン氏ら10人の国内外クリエイターが佐賀の諸富に集結しました。海外のデザイナーは日本の伝統や文化に興味津々で、日本の家具メーカーとものづくりができることをとても楽しみにしている様子でした。

ワークショップは諸富の案内から始まりました。自社工場の設備案内はもちろん、諸富の歴史についてもガイドし、家具の製作工程に関わる拠点を巡りました。さらに諸富の地を飛び出して、北は唐津市の唐津城を訪れ、呼子のイカに舌鼓を打ち、南は日本最大の干潟と海苔で有名な有明海にも足を運びました。佐賀県の代表伝統工芸として有田焼や名尾手すき和紙にも触れ、イベントでは佐賀で毎年開催されるバルーンフェスタについても知識を深めてもらいました。そしてワークショップを通してインプットした佐賀の名所や工芸や歴史からわいたインスピレーションをスケッチングの原料とし、今回のゴールである新しい家具のデザインについて熱く議論を交わしたのです。

彼らと寝食をともにした１週間は非常に有意義でした。海外展開の明暗をわける重要な試みであった以上に、私の家具職人そしてデザイナーとしての成長、ものづくりに携わる者としての魂をより高めてくれるイベントとなったのです。

本来であれば、外部のデザイナーに依頼する際は、こんなに同じ時間を共有することはありません。資料を渡して数回のオリエンテーションを経て、あとはデザイナーに任せきるのが一般的です。ワークショップでの交流を通して関係性を深めながらデザインを考えていくというのは、少なくとも私たち日本人の感覚としては異例の手法に違いありません。

せっかく海外の方々が諸富まで来てくれたのだからと、おもてなしの心を尽くしてのワークショップでした。しかし一方で、正直なところ、こんな観光半分視察半分な形式で和気藹々と楽しみながらワークショップを繰り広げて、果たして本当に斬新なデザインが生まれてくるのかと、一抹の不安も拭い去ることはできませんでした。

が、この不安はすぐ杞憂に終わりました。

ワークショップのなかでも特にクリエイターたちがインスパイアされたのが有明海でした。有明海の干潟を彷彿とさせる墨のような黒々とした色合い、これを日本の家具職人の得意技である塗装の細やかさで表現していくことで、日本でしかつくれない家具に仕上げていく。これをコンセプトとした家具シリーズブランドが誕生しました。

ブランド名もインスパイアの原点にちなんで「ARIAKE　有明」に決まりました。有明は夜明けという意味を含んでおり、世界へ打って出る私たちの、新しい挑戦の幕開けという思いも込めています。

コンセプトが固まると一気にプロジェクトは加速します。インテリアデザイナーたちが家具を設計していき、ほかのデザイナーたちがロゴなどのブランディングをデザインし、ポスターやカタログなど販促的な資料づくりのプランも練り込まれていきます。

海外デザイナーたちのものづくりへのこだわり、日本のスピリチュアリティを心身にインプットしたいという気概がそこかしこから伝わりました。特に発起人であるガブリエル・タン氏は情熱的かつ妥協を知らない人で、キャビネットの柱の太さに関してミリ単位での修正を迫るほどのこだわりぶりでした。職人サイドができないと首を横に振っても「そこをなんとかしてくれ」と決して譲らず、現場はかなりの無理難題を押し付けられることもしばしばありました。彼らの要求に一つひとつ応えていくのだけでも大きな苦労でしたが、これを乗り越えることで本当の夜明けがやって来ると信じてやり抜きました。

こうして、２０１７年のＩＦＦＳに向けて、ARIAKEの第1号となる家具たちが誕生しました。干潟をイメージし全面を黒く丁寧に塗り込んだテーブルや、バルーンフェスタをヒントに熱気球の係留ロープを表現した棚など、17点のブランド商品を取りそろえて3度目の海外展開に挑戦したのです。

シンガポールでの成功、そしてＩＫＥＡ発祥の地へ

２０１７年3月、3度目の正直となるシンガポール家具見本市の参加、ARIAKEの初公開です。結論を先にいうと、これまでが嘘のような反響で、次から次へと商談の話が持ちかけられました。

ブランディングのメンバーは素晴らしいクリエイターであり、優秀なインフルエンサーでもありました。事前にＳＮＳで関係者へ向け情報を発信していたことでボルテージは最高潮にまで上がっており、スタート直後からたくさんのバイヤーに詰めかけてもらえ

ました。事前集客はばっちり、世界をまたにかけるクリエイターたちのネットワークには脱帽です。

ブースの空間演出に磨きをかけたことも功を奏しました。チームメンバーのつながりからグラフィックデザイナーやスタイリストなどが集まり、ディスプレイやレイアウトにもブランドコンセプトの要素を随所に散りばめたブースにすることで、より来場者からの注目を集めることができました。

取引は地元シンガポールやＡＳＥＡＮ諸国を筆頭に、オーストラリア、カナダ、ヨーロッパ圏からも依頼がありました。

商談していくうえで強みとなったのがブランド設立の経緯でした。なぜこのようなコンセプトに仕上がったのか、海外デザイナーとの協業でどういった相乗効果が生まれたのか、これらを詳細に説明することでより相手を納得させることができ、スムーズに商談を進めていくことが叶ったのです。

３回目の挑戦でようやく「これだ」という確かな感触がつかめました。海外展開の道筋が一気に明るくなりました。すべてはガブリエル・タン氏との出会いがきっかけです。

偶然隣り合わせて名刺交換しただけの関係から、新しい物語ARIAKEがスタートし、諸富の家具が一気に世界へと広がっていきました。

この成功を皮切りに、勢いをつけた私たちは次のフェーズへと動き出します。翌2018年は、スウェーデンの首都ストックホルムの家具展示会への参加を決めました。佐賀県諸富の家具メーカーが、世界的家具メーカーのIKEAを生んだ家具産業の聖地へ勝負を仕掛けます。

ストックホルムへの出展を決めるきっかけになったのは、協業した海外デザイナーチームのなかにスウェーデン出身者がいたからです。彼らの的確なアドバイスや援助を受けながら展示できるのは大きな追い風となります。とはいえ、家具の本場北欧ですから、ミラノサローネよりも盤石で手強い相手にも思えました。

展示会に向けて、2度目のワークショップ交流会を実施しています。新しいメンバーを交えつつ、海外デザイナーたちとさらに絆を深めていきながら新しいARIAKEをデザインしていきました。シンガポール出展の際はガブリエル・タン氏の妥協を許さないものづくりのこだわりがかえってネックとなり、大きな負担が発生してコスト面がかさんでしまいました。これを教訓とし、今回はデザイン性を重視しつつも製造工程を簡略化することに工夫を凝らしました。素材の種類も見直しをかけて、可能な限り商品価格を下げることに努めています。

開催時期は2月、北欧にとっては極寒の時節です。日照時間は8時間程度と非常に短く、日中の気温は高くても0度をかろうじて上回るかどうかという気候です。ほぼ氷点下のなかで過ごすことになります。私が訪れたときはマイナス7度前後が当たり前の温度で、そこかしこの湖が凍っている光景に、九州生まれの私は言葉を失うほどでした。

ストックホルムの家具展示会に参加する日本企業は珍しいようで、展示会来場者の多くが私たちのブース前で足を止めました。和を基調とした色味や設計は、展示会場の中ではひときわ浮いた存在でした。

ストックホルムの展示会も佐賀県の支援を受けながら3年連続参加しました。年々関心と知名度が高まり、私たちの家具目当てで訪れる方も増えていったのは嬉しい限りでした。ARIAKEの名は現地の関係者のなかに着実に浸透していき、ブランディングの効果を存分に感じさせるストックホルム展示会でした。

佐賀インターナショナルバルーンフェスタの係留飛行
からインスピレーションを得た「スカイラダー」

なかでもデンマークの代理店とつながれたのは大きかったです。そのつながりで世界的に有名なフランスラグジュアリーブランドのパリ本店のインテリアに、ARIAKEのハイスツールが採用されたことは非常に光栄でした。これを起点に取引が広がり、他国の店舗でも採用したいという要請があり、今ではヨーロッパやアジアやアメリカの支店にもARIAKEの椅子が配されています。さらに代理店を介さない直契約として、日本国内では銀座と表参道、そしてニューヨークやロサンゼルスの空港の店舗にも導入されています。高級ブランドの販売店で日本の家具が採用されていることは非常に珍しく、これまで粘り強く海外展開を頑張ってきたことが報われる思いでした。

ミラノサローネで大ピンチ

２０２０年のストックホルム展示会に参加した直後、新型コロナウイルスが猛威を振るいました。そこからしばらく各国の展示会は開催中止を余儀なくされ、海外デザイナーとの交流会も自粛せねばならない事態となります。ARIAKEの快進撃で海外への販路を急拡大している真っ最中でしたが、感染拡大を防ぐため世界的に海外渡航が制限されている世の中でしたから、こればかりはあらがいようがありません。

新型コロナが落ち着きを見せ始めた2021年の半ば、翌年の海外展示会はどこにしようかと海外デザイナーたちとリモートで協議し、候補として挙がったのがミラノサローネでした。

20代で初めて訪れて、その規模とハイレベルな家具たちに圧倒された、世界最大の家具の祭典です。いよいよここにチャレンジできる土台ができあがったという万感の思いと、まだ早いのではないかという畏怖の念が同時に押し寄せました。デザイナーチームの後押しがなければ、決心はつかなかったはずです。

しかし世界の家具メーカーたちが憧れるミラノサローネです。メイン会場であるコンベンションホールのブースは、1年以上前にすでに完売となっていました。そこで街中のギャラリーで開催されている展示会に申し込み、コロナ明け初の家具のお祭りに参加することとなりました。

展示する家具も新作を多数投入します。これまでは北米からの輸入木材を使っていましたが、今回から佐賀県産のヒノキを素材とした家具も追加しました。素材から加工生産まですべての作業を佐賀でやり切った家具がミラノサローネでどのような評価を受けるのか。非常に楽しみな作品たちです。

家具には広葉樹が使われるのが一般的ですが、あえてヒノキを使うことでほかのブースに展示される家具との差別化を狙いました。その狙いどおり、ヒノキの香りは来場者たちに新しい刺激を与え、訪れたバイヤーやデザイナーも日本特有のデザイン家具に関心を寄せていました。

ミラノサローネの展示準備にあたっては、重大なトラブルに直面してしまいました。当時はコロナの猛威が世界経済を縮小させており、物流にもさまざまな規制がかかっていました。家具輸送の手続きをしても、実際に送られるのは2カ月や3カ月先という現状だったのです。これではミラノサローネの開催に日本でつくった家具を間に合わせることはできません。大ピンチです。

そのため、苦肉の策として講じたのが、現地イタリアで家具をつくる作戦でした。現地エージェントの方に相談したところ、イタリアの北東部、隣国スロベニアに近い場所に位置するウディネという街が家具の産地で、そこにある工場なら対応可能ではないかということでした。数カ所の工場に向けて図面を送り、私たちの家具を製作することが可能か、費用はどの程度になるか、交渉を繰り返しました。イタリアの家具産地にとってもミラノサローネに出展することはやはり栄誉であり、また日本メーカーとの協業にも非常に好意的で、切羽詰まったスケジュールでありながらもいくつかのメーカーが快諾してくれました。計10点ほどの家具をつくってもらい、製作メーカーのうちの1社のオーナーがトラックに積んで、開催直前に展示会場まで運んでくれてなんとかピンチを乗り越えたのです。

つまり、日本の素材を用い日本の工場でつくってイタリアまで運んだ家具は一部だけで、残りはイタリアのメーカーにつくってもらった共作になります。

瀬戸際で思いついた急ごしらえの対応策でしたが、この経験が私にとって大きな糧となりました。イタリアの家具職人としての魂を感じ取ることができましたし、困ったときはお互い様の精神で支援してくれる彼らの親切に感謝の思いが尽きませんでした。

そして何より収穫だったのは彼らの仕事ぶりです。イタリアの家具職人は材料に対してシビアな面が強く、無駄なく木材を使い、組み方にも工夫が凝らされているのは勉強になりました。強度面では日本家具に勝っており、材料費も極限まで抑えられています。届けてもらった完成品を見ただけで、彼らがどれだけ長く深く、木材とものづくりに向き合ってきたのかがうかがえました。

一方で色の塗り込みや木目の活かし方では、日本の家具は負けていないというのも改めて認識できました。展示会で日本でつくったものとイタリアでつくったものを並べてみて、デザイナーたちにも比較してもらったところ、やはり私と同じような評価でした。このことから、彼らイタリアの技術と日本の技術を融合させたら、さらに品質の高い家具が生まれるのではないかという期待を持つことができました。

イタリア国内で協業してもらえる家具メーカーを見つけることで、より安定的に供給ができます。今後はこういったパートナー企業を各国で見つけていくというのも、海外展開にあたっては必要になってくると感じた、ミラノサローネの初出展でした。

月9ドラマにもレギュラー出演？

海外展開の一方で国内販売にももちろん力を入れています。展示会は大川だけでなく全国の主要都市でも頻繁に開催されており、ブランド「CLASSE」の名は国内消費者に知られるようになっていました。

ブランドとしての特徴や背景を説明できるようになっていると、私たちが目指している家具づくりに共感し、協力してくれる仲間も増えていってくれます。その波及効果は、販売店だけでなく、思わぬところから販路拡大につながる嬉しい声がかかることもあるものです。

ブランドを立ち上げた直後、木村拓哉さん主演の月9ドラマ『月の恋人』に使用される小道具としてCLASSEが選ばれました。木村拓哉さんが演じる主人公はインテリアメーカーの社長で、そこで扱う商品として自社商品が出演することになったのです。これまでテレビやCMのちょっとした小道具として自社商品が採用されたことはありましたが、物語の中核となる素材として、毎週のようにドラマ内で映されるのは初めてのことです。テレビ局向けに家具などの道具をリースする業者の方が、かねてより私の会社の商品を気に入ってくださっており、ことあるごとにテレビ局へ推薦してくれていたのです。今回のドラマの件ではCLASSE以外にも他社のブランドが候補として挙がっていたと思われますが、そのコンペに勝ち残れたことはたいへん栄誉なことでした。インテリア会社をテーマにした月9ドラマに出るのにふさわしい家具、という客観的な評価を受けたわけですから、会社にとって大きな自信とやる気につながります。出演俳優さんがCLASSEの椅子に座ったシーンを見たときにはとてもテンションが上がり、思わずテレビに向かって頭を下げしまうくらいでした。

ドラマのエンドロールにはレグナテックの社名が明記されていました。ほんの数秒だけでしたが、反響は大きく、同業の方だけでなく一般の方からも問い合わせがあり宣伝効果は抜群でした。私自身、「この椅子と同じものにキムタクが座ったことがあるんですよ」というのを営業文句として使わせてもらっています。

思わぬ反響でいえば、社内のモチベーションアップにも大きくつながりました。ある従業員は「娘が学校で、あのドラマに出てる家具はパパがつくったんだ、と自慢しているようで」と照れくさそうに話してくれました。大きなメディアで自社家具が採用されるというのは鼻高々ですし、次の家具づくりへのやる気の源にもなります。

２０２４年秋には、地元佐賀を舞台にした映画『ら・かんぱねら』が公開予定で、こちらにも佐賀つながりで自社家具が登場します。佐賀の50代の海苔師が、フジコ・ヘミング氏の奏でる「ラ・カンパネラ」に感銘を受けて独学で同曲をマスター、その過程を描く伊原剛志さん主演の映画です。

たまたまこの海苔師の実家が、私の会社から車で10分ほどのところにあり、撮影の協力隊の一員として私も参加していました。撮影の道具もできるだけ佐賀県産のものをということで、私の会社の家具を選んでくれたのです。

このようにテレビや映画に積極的に使ってもらえるのは、信頼の賜物だといえます。私の会社の家具を推奨してくださる方々は、私たちの家具づくりにかける信念やプライドに共感し、支援してくださっているのです。どこから素材を仕入れていて、どのような過程でつくっていて、どういった実績があるのか。どういった思いでつくっていて、どこにこだわりがあるのか。それらをきちんと説明できるからこそ、たくさんの方々に気にかけてもらえているのだと思います。

どこの素材を使っているかも分からない、どんな過程でつくっているかも公開できない、そんな会社であったら、ここまでの信頼は得られません。いかに見映えのいい家具をつくっていたとしても、ドラマや映画に採用してもらえることは叶わなかったでしょう。

ブランドづくりはストーリーづくり

長い歴史のなかで培った伝統と技術で高品質の商品を提供できる地場産業こそ、情報発信が誰でも簡単にできる現代において、ブランド確立と広めるためのブランディングが重要となってきます。

商品としてのブランドだけでなく、会社としてのブランドも同じことです。なぜ自社は存在するのか、どういった思いで日々仕事をし、どういった価値を顧客へ提供しているのか。これらストーリーをきちんと編み上げ社内に共有し、社外へ発信していくことで、価値を感じた方からの反響と支持を受け取ることができます。

「話せる」ことが、企業や商品の魅力・価値を高めてくれます。経営者だけでなく従業員全員が話せなければいけません。受賞履歴やメディア露出といった実績も、なぜそのような実績が得られたのか、経緯を話せないと意味がありません。決して独りよがりにならず、共感を得られるストーリーづくりを施し、ブランド化していくのがポイントです。

２００４年に自社初のブランド「CLASSE」を立ち上げて以降、ブランドがいかに大事かを実感しています。商品に統一感が出るようになりましたし、コンセプトやつくり手の思いがきっちり表現できるようになったのは大きな意味がありました。当初の狙いであったイメージ一新や認知拡大の効果を大いに得ることができました。

海外展開に際しては自社内製のブランドでは歯が立たず、海外デザイナーの力を借りることで新たな道が拓けました。新ブランド「ARIAKE」が立ち上がり、新しいストーリーがスタートしたのです。海外デザイナーが日本に集い、議論を熱く交わしながら新たな諸富家具を創出しようとする模様がテレビニュースや新聞などメディアに掲載され、さらにはＳＮＳを通じて世界へ広まりました。

このようなストーリーを経てできあがったブランド商品たちには大きな価値があり、それを私たちが社外に向けてきちんと話せることで、プロのバイヤーや愛好家たちの心を射止めることができました。

現在、私の会社の海外展開の主要取引相手はアジア圏に集中しています。欧米は市場が成熟していることもあり、有名な競合ブランドたちに割って入れるくらいの洗練されたブランディングができていないとなかなか認めてもらえません。一定数以上の評価はもらえているものの、非常に手強い相手です。

一方でアジアには一気に販路が拡大する伸び代を感じています。アジアも質の高い高級路線の家具需要は上がっているものの、欧州から仕入れるとなると輸送コストがかかり取引しづらい現状があります。アジアに求められているのは、欧米並みの品質とブランディングができていて、なおかつ輸送コストが抑えられるアジア近辺のメーカーということになります。私たちが取引相手として選ばれる明確な理由があるのです。国内でグッドデザイン賞などさまざまな賞を受けていることは強みですし、ミラノサローネなど海外へも積極的に出展し、大手販売店と取引実績があることも、アジアへの展開の際には武器になります。

引き続き欧米でプロモーションをし、ブランドのストーリーに厚みを持たせて、アジアに主要取引先をつくっていくのが海外展開の定石だと考えています。

もちろん日本国内での認知度アップと販路拡大も欠かせません。海外で培ってきた、ブランドを起点とした家具の新しい価値観というものを国内に反映させていきたいと思っています。

北欧の家具というのはやはりレベルが高く参考になります。家具を修理しながら長く使っていくスタイルが定着しているのも魅力的です。私たちもその路線を貫き、厳選された木材でつくられた家具たちを長く使ってもらいたいのです。この価値観が日本にもより浸透していけば、地場産業の家具メーカーの持続的な経営は十分に可能だと感じています。その新しい価値観を広げていくのも、私たちのミッションであり、それがまたブランドの新しいストーリーを紡いでいくのです。

第5章

他業種や海外とのつながりがシナジーを生む

“伝統に縛られない”ことが
地場産業に新たな活力をもたらす

ブランディングで集まる次を担う人材

地場産業の次の担い手不足は由々しき問題です。ものづくりを主体とする地場産業は、職人気質がいまだ強いため、人材育成のカリキュラムがしっかり組まれているところはほとんどありません。「背中を見て覚えろ」といった感覚頼みで旧時代的な教え方では、働き手のモチベーションは上がらず、企業としての魅力は下がっていくばかりです。

私の会社も、人材確保には苦労してきました。まだまだ現在も人材不足の状態です。人口は減り続け、地域の若者たちもどんどん都市部へ出ていってしまうのですから、地場産業は人材の取り合いの様相を呈しています。

しかしその状況も、少しずつ改善の兆しが見られてきました。地元の人だけでなく、地域の外からも就業希望者が集まるようになってきています。また社内の働きやすい職場づくりにも力を入れているので、離職率を下げながら人材育成を行うことができています。

人材確保においても会社に恩恵をもたらしてくれたのがブランドでした。ブランドを立ち上げて販路拡大に力を入れていった結果、現在は世界26カ国を相手に商売できるようになりました。この事実が人材確保において大きな強みになっています。就業希望者に私の会社への志望理由を尋ねると、海外向けのブランド製品に可能性を感じたから、といわれることもあるくらいです。人口が減り続けていて経済が縮小している日本だけで商売をしているよりも、世界へ向けて事業展開している会社のほうが、多くの働き手にとって魅力に映るということです。

私の会社は若手から中年層まで、幅広い年代の方が働いています。従業員数は50人前後で推移し、平均年齢は38歳程度と、同業のなかでは比較的に若い傾向かと思います。年代ごとのバランスも偏らないよう配慮しています。50代が多いといった偏った年代層だと、あるときに一気に人が減ってしまうので、それは避けるようにしています。ここは非常に気を使っている部分で、新卒だけでなく中途人材も積極的に採用しています。

海外の人材も仲間入りしています。海外展開を始めた当初から、現地の人とのコミュニケーション円滑化を図るため、英語や中国語など主要な言語に堪能な人材を採用しています。対海外専用の営業スタッフがいるというのも、地場産業としては珍しいことかもしれません。これからも海外展開や技術スタッフどちらも、海外の人材をたくさん入れていく方針です。

持続的な経営実現のためには、地域と連携した採用活動も欠かせません。10年ほど前から諸富家具振興協同組合と佐賀県が協定を結び、佐賀県立産業技術学院の木工芸デザイン科の卒業生に、諸富家具産業へ就業してもらう流れをつくっています。この連携を開始して以降、同学院の県内就職率は１００％を達成し続けており、育てた人材の県外への流出をとどめています。

地域外そして国外の人材との交流も引き続き盛んに行っています。

ブランド「ARIAKE」の新商品づくりのための、海外デザイナーを諸富に招いたワークショップ交流会も継続しています。新型コロナウイルスの影響で一時的に止むを得ず中断することにはなりましたが、２０２３年より再開しさらなる海外販路拡大のためのブランディングに力を入れています。毎回新しいデザイナーを迎え入れ、和の文化や情緒を満喫したい彼らに最大限のおもてなしをしつつ、新しいデザインのイメージをとも

海外のデザイナーと言葉の壁を越えて信頼関係を築く

に膨らましています。2023年は久々のワークショップを介したものづくりとあって、チームメンバーもひときわ気合が入っていて、十数点の新商品の企画が立ちました。日本の建築を見るため旧長崎街道の古民家の並ぶ通りを歩いたり、筑紫平野の自然を堪能したり、有名な日本建築家がデザインした建築物を巡りました。夜はホテルではなく寺に泊まり、精進料理を食べ畳の上に布団を敷いて寝てもらう、といった日本ならではの体験もしています。

これら一つひとつがブランドの力をより高めていっています。また、日本人の従業員が外国人スタッフや海外デザイナーと交流することで、お互いの国の価値観や文化や習慣に触れ、斬新な刺激をもらい仕事や人生の糧とできるのも、ワールドワイドな活動をしているからこその恩恵です。

ブランディングをするようになってから、たくさんの次代の担い手が私の会社に熱い視線を注いでくれているのを感じています。これもブランドのなせる業ということです。

より快適で安全で働きやすい職場づくり

素晴らしい家具をつくるには、そして従業員に長く働いてもらうためには、働きやすい職場を実現できていなければなりません。社内のモチベーションを高く維持し、安全に楽しく成長を感じながら仕事に熱中できるよう、私の会社ではいくつもの取り組みを実践しています。

まずは社内の有志によって結成されている委員会です。本来の業務とは違った仕事に取り組んでもらうことで、気分転換もしつつ、職場環境改善のためそれぞれが当事者となって考え行動してもらっています。

●6S委員会

会社の基本の６Ｓ（整理・整頓・清潔・清掃・しつけ・スピード）を徹底し、経営内容の改善と、業績の向上に努めています。

●朝礼委員会

朝礼の内容を企画しています。社員の意思の統一、士気の高揚と活性化、基本動作の体得を目的に、毎週1回の全体朝礼と、毎日の朝礼・昼礼・終礼を取り仕切っています。

●多能工委員会

社員の技術の向上と幅広い知識を得るために活動しています。毎月1回、ベテラン職人が中心となり、道具や機械の使い方、塗装、組み立て方など、家具製作における作業工程について、実地での技術講習を行っています。

●広報委員会

毎月1回、社内報を発行しています。社員の紹介や新商品の説明、月の行事や連絡事項など、身近な情報を発信しています。社外に向けてブログ発信も行っています。

●ＩＴ化推進委員会

日常業務のＩＴ化により、作業効率を向上させるための活動をしています。現在は主にＤＸ化に向けて、資材発注の自動化を進めています。

●安全衛生委員会

無事故・無災害を目指し、安心安全に働ける職場づくりを行っています。機械操作や工場内の安全講習、ヒヤリハット報告を行い、事故への注意喚起を促し、安全に対する啓発活動を行っています。

●品質向上委員会

クレーム返品率の低減、クレームゼロを目標に、品質向上に努めています。毎週２回、クレーム内容や品質を向上するための話し合いを行っています。

ＩＴ推進や安全衛生管理など、他社だと外部のコンサル会社に任せるような項目も自分たちで課題を見つけて解決方法を模索しています。課題解決にはどういったツールが適切か、実施の際には行政の補助金や助成金はないかなど、多角的に外の情報を仕入れて検討しています。最短の距離を歩むなら最初からプロに頼むことが正解ですが、仕事への刺激や能力の向上の一端にもなるので、委員会活動として行っています。そのなかで自分たちでは絶対にできない領域に入ったら外部の専門家に委ねます。

委員会はもともと私の提案で始めたことですが、「こういう委員会もあったらいいのでは」といった意見が社内のあちこちから上がり、一つまた一つと増えて現在に至っています。会社側からの働きかけよりも、社員たちから自発的に挙がってつくられた委員会のほうが、より責任感を持って楽しく取り組んでくれています。

また、毎月「掃除をする」とか「挨拶をする」といった基本的な目標を掲げるようにしています。それに対して、１カ月の間に従業員が具体的にどういった行動に落とし込むことができたか、結果や感想などを報告してもらいます。それを私が全社員分見ることで、社員のことを知るようにし、アドバイスできるところがあればするようにします。これは目標達成度合いを評価したいというのではなく、むしろ私が従業員個々の性格や特性を把握するために行っているものに近いです。それぞれの解釈や価値観を知ることで、みんながより窮屈に感じずに働けるようにするにはどうするべきか、会社がどういう方向性で運営していけばいいのかの参考材料としています。

そして3カ月に1回のペースで実践しているのが、従業員全員を集めて外部の会議室を借りて行う研修会です。研修会は立ち止まってこれまでの3カ月間を振り返り、これからの3カ月間について考える時間です。それぞれ自分なりの目標をつくってもらい、3カ月ごと目標達成度合いに関して自分なりの評価をしてもらうようにしています。

反省や改善を促し、自分を見つめ直す大事な会です。これが自分自身の成長につながると思いますし、人生をより充実させる糧にもなるはずです。また他社の社長やお寺の住職など権威ある方を招いて、貴重な講演の時間を設けることもあります。

毎年9月の研修会は期首となるので、経営方針発表会を実施、1年間の財務状況や取り組みなどを発表し、向こう1年の課題についても共有します。こうした全従業員を集めての経営説明会を行う中小企業はあまりありません。上層部で経営に関する情報を囲い込み、従業員にはただひたすら業務を課すだけ、という方針を貫く会社が多いようです。ただ働くだけの駒のような扱いを受けていたら、従業員は働く気力を失ってしまいます。人材の定着には逆効果のやり方です。

一人ひとりの従業員がいてこその経営であり、会社組織です。より貢献してもらうことでどういった成果が望めるのか、発表会にて具体的な数字を見せることで、モチベーションを上げてもらいます。

研修会のあとには交流会も実施しています。暖かい時期にはバーベキューをしたり飲食店を貸し切ったりして、みんなで楽しい時間を過ごします。

これらコミュニケーションをベースとしたさまざまな活動を行うことで、従業員たちの本音が拾え、やる気を上げることができ、より快適で安全で働きやすい職場づくりを実現できます。従業員との交流が足りていないと感じている経営者の方は、ぜひ参考にしてほしいと思います。

もう一つ、仕事術としてアイビー・リー・メソッドというものがあります。やり方は非常にシンプルで、１日の仕事が終わったあとで、明日やることを最大６個書き留めておくようにします。次の日、完了できた項目は消して、できなかったら残し、また新しい項目を追加します。このちょっとした工夫によってやるべきことが明確になり、予定

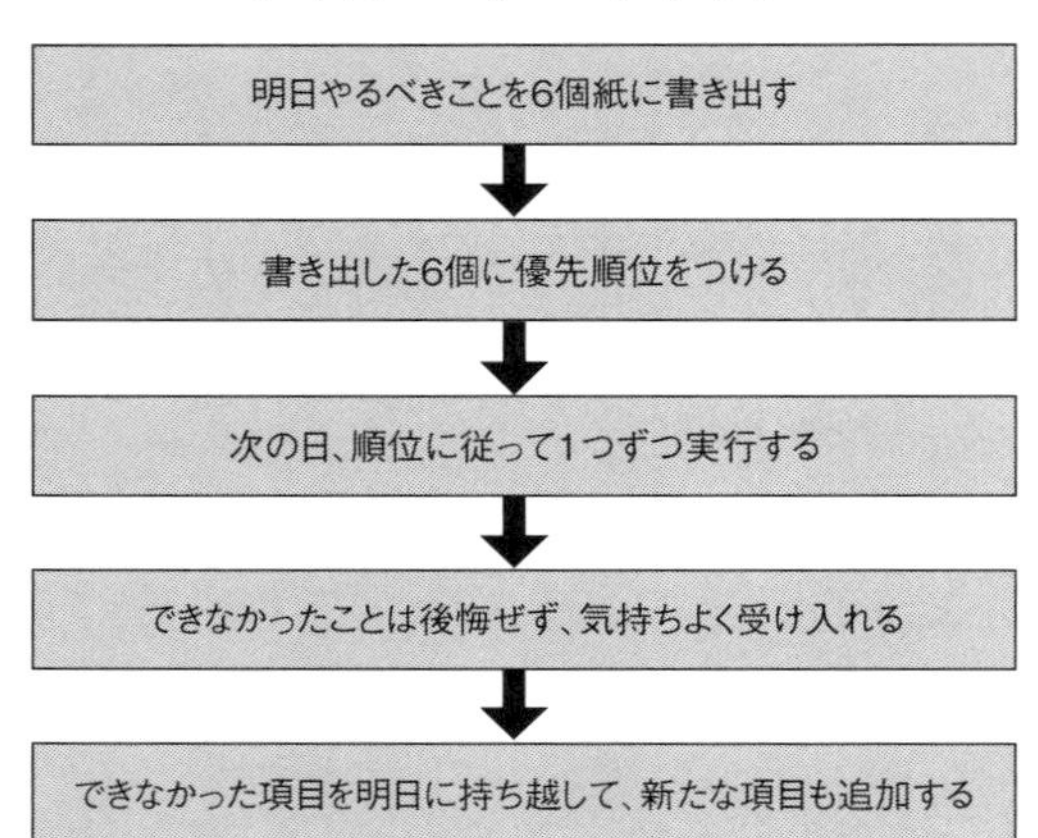

どおりに物事を進められるようになります。
これは１００年前からあるやり方ですが効果てきめんです。従業員にもなるべく習慣化しておくよう伝えています。私自身もこれを長いこと実践しています。物忘れが多い年頃になり、アイビー・リー・メソッドの良さをより実感しています。

仕事の回り道で物を大切に、地域を大切に

私は会社を、単に「生活の糧となる給料をもらう場」とはとらえていません。仕事の技術を磨いていく場所だけとも思ってい

ません。仕事と、人との触れ合いを通じて、成長していけるのが会社で働くことの意義だと思っています。省力化が叫ばれる昨今、効率を追求し無駄を省くこともそれはそれで大事な考え方ですが、その一方で人間にしかできない回り道も大事ではないかと感じています。

仕事の区分がより細分化される分業化全盛の時代に入り、さらに業務と業務の間にはＡＩなどのデジタルツールや機械も入るようになってしまい、人間同士のコミュニケーションが減る傾向にあります。しかし交流の機会が減れば減るほど、会社が会社としてあるべき組織力を失っていき、人材を確保していく握力を失っていくことになります。従業員の根底に会社を続けていくための強い思いがなければ、経営は続きません。会社に関わるみんなが同じ思いで、同じ方向を向いて進んでいけないと、遅かれ早かれ会社は滅ぶことになってしまいます。

私の会社は人づくりや地域づくりに重きを置いています。地域に支えられて経営が続けられていることをいつも忘れずにいます。地域と支え合って繁栄していく地場産業であれば、これはより重要な発想の根幹です。

私たちは地域に貢献する小さな活動を続けています。月1回、第一月曜日には工場周辺のゴミ拾いや最寄りのバス停の掃除、近隣公園の草むしりなどをする全体清掃を実施しています。また地域との交流を図るイベントも多数開催していて、親子で木工を体験する催しや、製造工程で出てきたおがくずを使ってカブトムシを飼育し、毎年1000匹以上を子どもたちに配布する機会もつくっています。

もう一つ地域に貢献する活動として紹介したいのがメンテナンス事業です。製品の修理事業というと、普通は取り扱いが自社商品だけに限られるものですが、私の会社はどんな家具でもできるだけ修理に対応するようにしています。昔から街にあった、どんなメーカーのものでも直す修理屋のような立ち位置です。

やはり家具というのは、高価なものを長く使っていくことがいちばんです。つくり手の人たちが丹精込めてつくった家具と運命の出会いを果たし、大事に長く生活をともにする。その思いに寄り添うのも私たち家具職人の職務だと感じています。椅子の脚が壊れた、テーブルの高さを変えたい、そういった家具に関するお困りごとになんでも応えるようにしています。

大半が図面のない家具の修理を受け付けることになるので、非常に骨の折れる作業であり、事業として大きな収益になるものでもありません。しかしこの回り道ともいえる仕事で、時に非常に貴重で秀逸な家具に出会えることもあるものです。一度分解して組み直すとき、その精緻なデザインに嘆息し、勉強になるなあ、ここはこうなってるのかあ、と唸りながら修理することもあります。これらの経験が次の家具づくりのヒントにもなり、会社の財産へとつながっていくのです。

修理した家具を受け取ったお客様の笑顔を見るたび、メンテナンス事業をやっていて良かったなと感じます。

地域や物を大切にしたこれらの地道で遠回りな活動が、ゆくゆくは実を結んでいきます。

「以前、街中を清掃しているのを見かけてなんとなく覚えていて」

「前に修理してもらったのを覚えていて新しい家具を買いにきた」

と、私の会社への就職を希望してくれたり、私たちの商品を買ってくださったりする方もいます。長い目で見れば、単なる回り道だと思っていたことも、結果として新しいすてきな出会いをもたらしてくれるのです。

ラオスでの技術指導と人材育成

私は、地域や人や物を大切にする発想をいつも念頭に置いて事業に携わっています。

私の会社で新しく立ち上げたブランドのなかにラオス原産のチーク材を使った「CLANTREE」があります。このチーク材というのは、世界三大銘木に数えられる高級木材で、輸出入が制限されているため日本では入手困難な希少性の高い素材です。油分が多くツヤのある美しさをまとい、硬く頑丈なのがチーク材の魅力で、かつては木造船の材料として重宝されていました。

この価値あるチーク材を贅沢に扱った家具ブランドを立ち上げられることになったのは、ラオスとのとある交流がきっかけでした。ラオスは人口750万人ほど、タイやベトナムなどに囲まれた東南アジア唯一の内陸国です。1人当たりGDPはカンボジアと並んで低く、近隣国のなかでは貧しい国の分類に入ります。

独立行政法人国際協力機構（JICA）という、日本の技術や知識を活用して開発途上国の成長を手伝う組織があります。ＪＩＣＡはこれまでラオスの発展に寄与するため、医療や建築などさまざまなジャンルで経済的な向上を目的とした支援に努めてきました。そのなかの一つに家具づくりもあったのです。

ラオスの北部、中国との国境付近にチーク材を擁する森林地帯が広がっています。これを有効活用し、国の経済活性化につながる流れをつくることができないか。現地の家具づくりに関わる人たちに技術指導ができないか。そのような依頼がＪＩＣＡから家具の最大産地である大川へ舞い込み、私の会社がある諸富へも回ってきました。代表者として私を含めた数人が選ばれ、３カ月に1回程度、10日ほど滞在し技術支援や経営面の指導をすることになったのが２０１６年頃のことでした。

初めてラオスを訪れたときの衝撃は忘れられません。これまで貧しい国にもいくつか訪れましたが、そのなかでもラオスは特に厳しい生活を強いられている国でした。ほかの国は中心街は比較的栄えていて整備もされているのですが、ラオスはどこも道が悪く、電気設備も乏しく、インフラが行き届いていません。市場に並ぶ肉や魚といった食材にはハエがたかっており、衛生面も好ましくありません。気温は日中35度を上回り、40度に迫る日もざらにあります。夜になっても暑さは続きます。仕事に集中できる環境ではなく、経済が伸び悩むのもうなずけるような現状でした。

ＪＩＣＡから依頼を受けた私たちは、30人ほどを擁する職業訓練校と、10人以下で営まれる家族経営系の小さな家具工場を2カ所巡り、家具づくりの指導を行うことになりました。その道中も過酷なもので、デコボコの激しい道を1時間も車で揺られようものなら、たいへん気分が悪くなります。そんなへとへとのなかでも汗をだらだら垂らしながらの指導を行い、慣れない気候というのもあって、蓄積される疲労は並大抵のものではありませんでした。

工場は壁がなく屋根と柱だけ、風通しを良くしてなんとか暑さを凌いでいるような労働環境です。今も目に焼き付いているのが、工場のスタッフが乗ってきたバイクに檻が積んであり、中に鶏がいた光景です。卵を産ませて夕食の材料にするのだそうです。日本の戦後、昭和の経済成長時代の始まりのような雰囲気がありました。

3カ月に1回のペースで2年間ほど技術の指導を行いました。しかしそれだけでは課題の根本的解決にはなりません。私たちが指導するのは基本的で最低限の技術であり、より専門性の高い技術指導をしないと、世界の市場には太刀打ちできないからです。技術を伝えるというよりは、人を育てる視点での支援が必要でした。

そこで本プロジェクトが一区切りついた段階で、今度は私の会社が継続して支援活動をできないかという打診がＪＩＣＡからあり、２年間の人材育成事業契約を結びました。これによって私の会社で培ってきた本格的な技術の指導が行えます。自社の家具職人も連れていくようにし、私たちの分身をラオスにつくるような気持ちで支援にあたりました。職業訓練校の先生方や家具工場の経営者に向けて、技術だけでなく経営のノウハウも伝え、木材を効率良く使うためのポイントも伝え、私の工場の良いところを余すところなく伝授していきます。家具製作にあたっての設備もＪＩＣＡが資金を投じ、日本製の家具製造機を40台ほど導入しました。私たちがいない間も技術を磨けるよう、教育用の家具製造ビデオも日本で撮影しました。渡した図面の数は１００枚を超え、まさに私の会社のラオス支社をつくるような勢いで協力していったのです。

海外の豊富な資源を活用する

人材育成事業契約が完了する2020年には、ラオスとは4年の付き合いになり、思い入れも相当に強くなっていました。ラオスの生活の貧しさを見るにつけ、なんとか家具産業の方面からお手伝いができれば、という使命感を抱いて熱心に取り組みました。

その思いの結晶として生まれたのがブランド「CLANTREE」です。ブランドを立ち上げた狙いは、ラオスの木材を輸入することでラオスの経済につながることがまず挙げられます。そしてゆくゆくは、このブランドをラオス国内で育てた人材でつくれるような体制を築き上げ、ASEAN諸国へ販売してもらい、ラオス国内へ直接還元されていく流れにつなげていけることを想定しています。そのためにはより一層の技術指導が不可欠でした。そこで専門的な技術習得のため、4人のラオス人を1カ月預かって、私の会社の環境のなかで加工や塗装についてみっちり勉強してもらいました。

「CLAN」には一族という意味があります。私たちとラオスの人たち、木を介してできたつながりを大切にすることから、このプロジェクトは始動しました。全員が運命共同体であり、一つの家族、そういう気持ちでブランドを育てていきたいです。

大きな課題としてはやはりインフラ面です。ラオス現地で専門の機械をフルで動かすにはもっと電力供給が必要です。さらに道路が整備されていないままだと家具が破損してしまい、満足な輸送が行えないので、行政や自治体を巻き込んでの支援は急務です。

もう一つの懸念材料として、ラオスの国民性もあります。ラオスはあまりガツガツしないで、穏やかな気性の人が多いです。街中はかなり交通量がある割に信号がほとんどないのに事故が起きません。クラクションを鳴らす人もめったにいません。みんな譲り合って、スピードも緩やかで、平和にやり過ごしているのです。ほかのアジアの国だと割り込むくらいの無謀な運転をする様子を見てきたので、ラオスのこの平和さには驚きました。仕事面でもこの穏やかさや緩やかさ、争うことを嫌う国民性が表れていると随所で感じてきました。

家具工場のオーナーの家に泊まり、今後の経営について家族会議をしたことがありました。オーナーや次代を担う息子たちに「もっと頑張りましょう」と鼓舞したところ、オーナーの奥さんに「そんなにいっぱい働いてどうするの」と言われてしまいました。暑い国ですから、労働に対してなおさら酷や罰という意識が強いのだと思います。とはいえ、国の経済発展のためにも、もう少し頑張ってほしいんだけどな、と思いながらもそれ以上は言い返すことができませんでした。

確かに幸せに生きることと懸命に働くことは必ずしもイコールではないですが、ラオスの経済を伸ばし裕福にしていくには多少の我慢や踏ん張りは欠かせません。お互いに考え方のアップデートが必要だと感じる一幕でした。彼らの人生観に寄り添いながら、もっといいかたちでのものづくりの精神や経営の信念を伝えていきたいと思っています。

日本は素材や人材の絶対数が少ない国ですが、世界を見渡すとリソースが豊かな国はたくさんあります。半面、その多くは経済や気候などに大きな課題を抱えているものです。私たち日本人が技術や知識そして資金で支え、その国の人材を育て、現地の素材を使って切り盛りしていく方法を考えていく。そして人材の交流や素材の輸出入などを経て、お互いにとってプラスとなる良好な関係を築いていく。この発想はこれからの時代に重要であり、長い歴史を積み上げて技術を培ってきた日本の地場産業だからこそなし得る世界への貢献といえるかもしれません。地場産業が生き残っていくチャンスとヒントはここにも転がっていそうです。

このような経緯のなかで生まれたブランド「CLANTREE」には重厚なストーリー背景があり、これに共感して応援してくれる人がたくさん集まってきてくれていると実感しています。これからもっともっと販路を拡大していきたいです。

日本にいると閉塞感に苛まれ、時に未来が閉ざされるような思いをすることもままありますが、ラオスのような開放的で穏やかな国にいると、まだまだやれることはたくさんあるという明るい未来の片鱗を見つけることができます。

今後もラオスとはより交流を深めていきたいです。ラオスの人にもたくさん日本に来てもらいたいですし、そのなかから諸富の地に住み働いてくれる人が出てくれることを願っています。まずは若い人たちから、もっともっと闘争心やチャレンジ精神を引き出せるような工夫も凝らしたいです。仕事の能率を上げながら、より人生を豊かに楽しむ方法について話し合い、同じ家族として、同じ未来を見据えていきたいです。

CLANTREEランドスケープ

地場産業を「地場外」で興す新アイデア

ラオスで知り合った家具職人や家具工場たちに十分な技術が備わったら、いつかパートナー契約を結びたいと考えています。ラオスの木材を使い、私たちがデザインした家具を現地でつくるのです。「CLANTREE」だけでなく、私の会社のブランド家具を多数扱えるようになるのが理想です。これなら現地でたくさん雇用を生むことができますし、利益を出して国力を上げていくことができます。

地場産業が培ってきた技術力を、海外パートナーに定着させるというのは新しいやり方かもしれません。そしてこれが、これから世界に向けて販売を強化しなければ市場の確保が困難な日本の地場産業にとって、生き残るための有効な手段の一つとなります。

年々船の輸送費が高くなっていることから、以前より海外パートナーの必要性を感じていました。最近ではウクライナ情勢の影響によって、日本と欧米をつなぐ航路のいくつかが停止となってしまいました。遠回りするルートしかないため、輸送費はどうしても膨れ上がってしまいます。このコストをすぐさま定価に上乗せすると売上に響いてしまうため、利益を下げてなるべく価格を据えおいていました。

ラオスとパートナー契約が結べれば、より低価格で輸送ルートを確保できるので、このような地政学リスクによる利益圧迫を抑えることができます。これは世界に向けて販売する私たちにとって大きなメリットになります。

思い出されるのがイタリアのミラノサローネに出展したときのトラブルです。新型コロナの影響で日本からイタリアへ輸送できるのが2カ月か3カ月先になってしまうといわれ、このままでは何も現地展示ができないという窮地に追い込まれました。イタリアの工場に図面を渡して家具をつくってもらい難を逃れましたが、ここと引き続きパートナー契約を結べたら、ヨーロッパ圏への販売もより安定供給が叶うなと思ったのです。パートナー契約の魅力を感じたのはこのときが初めてでした。

実際問題として、椅子を100脚つくって納品してほしいといったボリュームのあるオーダーをヨーロッパの取引先から受けることもあるのですが、これだけの数ですから日本からの輸送ルートを押さえるだけでも一苦労です。ラオスやイタリアなどいくつかの国にパートナー工場があれば、この悩みはすぐに解消できます。

また私たちがつくる家具は、修理をしながら長く使ってもらうことで、その本質的価値を感じてもらうことができます。各販売領域のパートナーに図面を熟知した技術者がいて、手軽に修理対応ができるようになったら、これも営業時のアピールポイントです。より商品の魅力値を上げることができます。

現地メーカーと契約を結び、生産コストを削減して世界への安定供給を果たす。こういった契約は、世界的な大手製造業であれば実践している事例はいくつもあります。これを地場産業でも行うことができないか、現在進行で企画中です。

もちろん懸念されるハードルはいくつか考えられます。契約面では十分に気をつけないといけないですし、質の悪い家具をつくられてしまってはブランドに傷がついてしまいます。現地を見て、働く人たちの人柄を見て、何度も交渉し調整をしていく必要はあります。ラオスやイタリアを第一候補に入れつつ、慎重な姿勢で、現地パートナー探しを続けていきます。

一見すると、地場産業の枠をはみ出している印象ですが、人口減少や人件費高騰を抱えている日本においては、これも地場産業の新しい生き残り方といえます。家具づくりで栄えてきた地域の技術を地場の外、海外の工場に伝えていく――ワールドワイド型な、地場にとらわれない地場産業の経営手法です。地場産業の培ってきた技術を残していくためには、海外の力を借りる発想はこれからのスタンダードになるかもしれません。

地域の異業種コラボレーションで新価値を生む

地場産業の復興にあたって大事なことは、自分の会社だけや自分の業界だけで考えるのではなく、地域単位で考えていくことです。自社産業以外にも、地域に支えられながら栄えてきた地場産業が周りにいくつもあるはずです。せっかくのご近所同士なのですから、手を取り合って新しいことに挑戦するのも、地場産業が生き残るために必要な発想です。一つひとつの事業規模は小さくても、地域に根付いた産業たちが束になれば、これまではリソース不足でできなかったことも実践できるようになり、大手企業はおろか世界にだって対抗できるはずです。それほどに地場産業には可能性があります。

私が10年ほど前に海外の輸出を決めた際、日本貿易振興機構（ジェトロ）の佐賀事務所にまず相談に行きました。所長といくつか情報を交換していくなかで、佐賀県には私たち以外にも海外展開に意欲的な産業があることを知りました。ただそれぞれの産業は決して人員が潤沢にあるわけではなく、目の前の事業活動に集中するので手一杯、なかなか海外展開に向けて本腰を入れることができないでいたのです。

志が同じなのであれば、手を取り合って挑戦するほうがより効率良く効果が出せるのではないか。そう思った私は、海外展開を望む佐賀県内の地場産業約10社と意見交換する機会をジェトロにつくってもらいました。数回の意見交換会を重ねるうちに、私の会社がシンガポールの展示会へ出展する際に、ほかの会社も参加してコラボレーションイベントができたら面白いのではないか、という話が出ました。

話はとんとん拍子で進み、佐賀県にも声をかけて協力をお願いし、仮称ではありますがこの共同体を「オールスターズSAGA」と称し、シンガポールでのプロモーションイベントを催すに至ったのです。シンガポールのレストランオーナーやマネージャーを招き、諸富生まれの家具に囲まれた空間で、有田焼の上に彩られた佐賀県産の海苔や日本酒、お茶などの名産品を振る舞いました。佐賀県知事にも参加していただき、イベントは大盛況となりました。この初回のプロモーションで手応えを感じた私たちは、業種の垣根を越えて、地域一体となってより一層の海外展開活動を進めていこうと約束しました。

２０２０年には統一ブランド「SAGA COLLECTIVE」を立ち上げ、現在は12社11業種で活動しています。メンバーのうち7割は１００年以上の伝統と歴史を誇る老舗企業です。

目的は一つ、地場産業の名産品たちを佐賀から世界へと発信し、世界から佐賀へ人を集めることです。このような県内の異業種によるコラボレーションは非常に珍しく、ほかの都道府県にこういった地場産業の異業種を集めた協同組合は存在しないはずです。ましてSAGA COLLECTIVEのように、ロゴマークや理念を積極発信してブランディングに力を入れているケースはありません。地域の地場産業たちが手を取り合って産業全体を盛り上げていくSAGA COLLECTIVEは、地場産業がこの先１００年も２００年も続いていくために必要なことは何かを追求し続けています。

最近も面白い試みに挑戦しようと画策中です。それは人材の交換です。例えば私の会社の家具職人と、日本酒の会社の酒造職人を数週間入れ替え、技術やこだわり、伝統産業としての魂を互いに感じ取ってもらうのです。社長である私はさまざまな会社や工場を見学に行き、刺激を受け、仕事や人生のヒントをもらい、明日への糧としてきました。工場の中で日々黙々と仕事に徹する従業員だとなかなかこういった経験ができず、それは彼らの仕事のうえでも人生のうえでも、もったいないことだと常々感じてきたのです。そこで人材の交換をすることで、外から刺激をもらい、現場サイドの視点で新しい発見を得てきてほしいというのが、この人材交換の狙いです。異業種同士の人材交換で得られることはたくさんあります。

またSAGA COLLECTIVE内にとどまらず、佐賀県外のほかの企業とも人材交換はやっていきたいです。家具産地の一つである旭川市の家具メーカーから社長が来られた際にもこの提案をしたところ、ぜひやってみたいという返答をいただけました。近々、諸富家具と旭川家具の人材交換が実現できるかもしれません。まったく同じ業種であっても、地形や気候が異なり、まったく違った伝統を積み重ねてきた日本の北と南では、家具づくりの手法やこだわりのベクトルも違ってくるはずです。それらを学び取ってくることは、お互いにとって大きな収穫になるはずです。

人材の交換は歴史的なこだわりが強すぎる伝統系地場産業の凝りをほぐす効果があるとにらんでいます。各産業の生産性や人材育成に新しい化学反応をもたらすことができれば、企業価値も自ずと向上していきます。より働きやすい環境づくりの一端にもなるかもしれません。このような人の流れの活性化が、人材育成だけでなく後継者探しにも活路を見いだしてくれるケースもあり得そうです。まだ検証段階ではありますが、積極的に実践していくつもりです。

楽しく仕事をすると自然と人は集まってくる

人材確保に苦労する会社が多い時代に、多くの人が私の会社に興味を持ち、外部の海外クリエイターたちとの協業でブランドを盛り上げていけ、さらに業種の垣根を越えた組合をつくって大きな力となって世界へと挑戦することができています。幸運なことに大勢の人たちがこの佐賀の地に集まり、思いを一つにして地場産業を盛り上げていこうと頑張っています。

なぜこれだけ多くの人に恵まれるようになったのか、その根本の理由は、私自身が楽しく仕事をしてきたからだ、ということだと思います。

幼い頃、先代である父はよく私に、「ものを売る楽しみよりもつくる楽しみを覚えよ」と言っていました。これが私にとってのものづくりの原点であり、父の言葉は昔も今も変わらず心根にあります。父の工場で働く職人たちがせっせと家具をつくる様子は、私の目にはとても愉快で幸せそうに映りました。だからこそ、いつか私もここの一員になって一緒に働きたいという思いが自然と芽生えていったのです。いつもつまらなさそうに、苦痛を感じながら仕事をしていたら、私は決して継ごうとは思わなかったはずです。

下請け体質の経営を脱却し、自社一貫で家具をつくるトータルメーカーになって以降は、ただ決められたものをつくるのでなく、新しいものを次々と生み出していく、本当の意味でのつくる楽しみを感じられるようになりました。販売方法についても日々みなで意見を交わし合い、次はどういった戦略で自社商品を広めていこうという話ができるようになりました。こういった前向きでクリエイティブな会話を日々繰り広げられるというのも、より仕事を楽しくしてくれます。

今は新しいブランドを立ち上げていくことに楽しさを感じています。世界へブランディングで勝負を仕掛けていこうというときに、同じように海外展開を望んでいる地元の産業と出会い、SAGA COLLECTIVEを始動しました。彼らと相乗効果を生み出しながら、また楽しくて新しいことに挑戦することができています。そしてそんな楽しく挑戦する様子を見て、次を担う若い世代が続々と仲間に入ってくれている好循環が生み出せています。

すべては楽しくやっていることが原点です。面白いことやるからこの指止まれ、といった感じで楽しく仕事をしていると、自然と人は集まります。従業員も、自治体も、他業種も、もちろん顧客も、楽しそうにやっている姿に惹かれて寄ってきてくれるのです。

経営が順調ではないからと常にいらついていたり、新しい刺激がなくてつまらなそうに仕事をしていたりするのなら、まずは内面部分を改めて、楽しく仕事ができる仕組みづくりを考えてみるのが先決です。

第6章

秘めるポテンシャルは無限大

地場産業こそ日本の主要産業になれる

地場産業が秘める可能性

地場産業がその地域で栄えてきたのには、必ず明確な理由があります。そしてその理由こそが地場産業の強みであり、その強みを携えて時代に合わせた営業やブランディングを意識していけば、課題となっている売上低迷や人材難を克服していくことが可能です。

諸富家具が1950年代に始まり、現代まで産地として存続できているのは、すぐ隣に大川という歴史の古い家具産地があったからこそです。大川では大きな展示会が3カ月ごとに開催され、物流の仕組みも確立されていて、産地としての地盤が整っているおかげで、諸富の今があります。大川なくして諸富の発展はありません。

産地は組合の力や勢いというのも大切になってきます。大川の家具組合はおよそ120社にのぼるのに対し、諸富の家具組合は2024年5月時点で36社と、比較的小規模となっています。力や勢いが劣るものと見られがちですが、こぢんまりとしている分、みな競合同士というよりはとても仲が良いです。高い結束力を持って産地活性化のための活動に力を入れられている点は強みといえます。組合には家具メーカーだけでなく、資材会社や物流会社、木工の機械を製造する企業も加盟しています。諸富には家具をつくり各地へ届けるためのすべてが集積されており、組合によってその連携力も盤石なものとなっているのです。

佐賀県は他県と比較して地場産業が少ないというのも、見方を変えれば武器ともいえます。産業が少ない分、行政や地域の方々が諸富家具に注ぐ愛着というのはひときわ大きくなります。

諸富から佐賀県庁まで車で10分程度というのも心強いです。ちょっと時間が空いたら県庁を訪れ、有意義な話し合いをすることができます。これが隣の大川家具だと、福岡県庁まで車で1時間ほどを要します。しかも福岡は産業がたくさんありますから、必然どうしても自治体が大川家具へ込める力の具合は弱くなってしまいます。

規模が小さい諸富家具、産業が少ない佐賀だからこそ、一つの産業に集まるパワーは絶大です。これを活用しない手はないのです。

日本には家具の六大産地というのがあって、最大規模を誇る福岡県大川市を筆頭に、北海道旭川市、岐阜県高山市、静岡県静岡市、広島県府中市、徳島県徳島市と産地は点在しています。これらすべての有名な産地を巡りましたが、私はこの大川の土地とともに栄えてきた諸富が、家具をつくるには最高に恵まれた場所だと確信しています。

このように、諸富に生まれ家具産業を営めていることに感謝の気持ちを常に感じられていることそのものが、地場産業を盛り上げるいちばんの原動力です。私と同じような思いをもっている人が多いほど、地場産業はより強く長い繁栄を約束することができます。

地場産業の一員である自分たちが、ここが産地として最高の場所なんだと信じて結束して行動することから、地場産業のイノベーションは起こるのです。ですから産地としてのピンチを抱えている方も、今一度、自分たちの地場産業の何が強みなのかを見つめ直してみてください。自分たちだけを見るのではなく、ほかの産地を巡ることでも、自分たちの強みに気づくことができます。

会社の規模が小さければ、組合の力を借りない手はありません。うちは組合が小さくてあまりやる気がないから、と諦めている人もいるようですが、それならこれからスタートラインに立って盛り上げていけばいいのです。私は現在組合の理事長を務めていますが、私が就任する以前はさほど活動は盛んではありませんでした。しかし私が理事長になるのをきっかけに、組織の入れ替えをし、若い力を取り入れて、コミュニケーションを密に取るようにしました。新生組合で諸富産地のためにできることを真剣に突き詰めたからこそ、諸富の家具は小さいながらも、世界でも戦える下地をつくることができています。

そしてもし、組合の力だけではなんともならないのであれば、自治体との連携を強くすることも視野に入れます。

「地場産業×自治体」は最強！

地域に密着し、地域と支え合いながら経営を続ける地場産業なのですから、地域を束ねる自治体を活用しない手はありません。県庁が近いこともあり、私は自治体との交流をかなり強く意識しています。

私はとにかく気になる企業や工場には業種関係なく見学に訪れ、いいところをたくさん吸収し実践することで、会社の成長につなげてきました。この見学というのは、自社から直接依頼を出してもいい反応が得られません。特に同業の家具メーカーだと、技術を盗まれるのではないかと警戒され、断られてしまうのがお決まりです。

そこで拝借したのが行政のコネクションでした。見学したい企業があったら、佐賀県庁の産業労働部を訪ね、自治体を通じての見学希望を依頼します。行政からの打診だと、先方もよほどの理由がない限り断ることはありません。このように行政に協力を要請することで、会社あるいは組合の代表者として、たくさんの現地視察や研修を行うことができました。

SAGA COLLECTIVEが立ち上がったのも行政との交流を常日頃から厚く行ってきたからでした。かれこれ10年間、佐賀県の産業を盛り上げられそうな企画を持ち込んでは、自治体と協議し、なかなか実践にまでは至らないもどかしさを味わってきました。しかし私の佐賀県に注ぐ情熱というのは間違いなく自治体に伝わっていました。根気強くコツコツと信頼関係を培ってきたからこそ、佐賀県を代表する地場産業の協同組合を設立することができたのです。

自治体は必ずしもアピールすることに長けてはいませんが、地場産業を支援する窓口は必ず設けていますし、いろいろ相談してみると補助金などさまざまな支援制度を教えてくれます。困ったことがあったら同業やコンサルタントなどに尋ねるよりも、まず自治体を訪れて、情報を取りに行く習慣をつけておくのです。

自治体と良好な関係がつくられていると、さまざまな催しで声をかけてもらえるようになります。家具メーカーの経営者であり、諸富家具の組合の理事長でもある立場から、自治体に請われて、県内の木材利活用についての協議会に参加したことがありました。このとき先方から、県産の木材が売れないので家具に使えませんか、という相談を受けたのです。

日本の木材はスギやヒノキといった針葉樹がほとんどで、北米産で採れるウォールナットやメープルといった広葉樹と比べて節が多く柔らかいため、家具の素材には適していません。しかし木材の加工方法や乾燥方法を工夫することで、家具の素材として使うことは、現代の技術であれば十分に可能でした。

ここからは私の得意技であり大好きな現地視察です。製材所の人たちとともに佐賀県の山中に足を踏み入れ、実際の山の状態や環境、木々たちの樹齢や状態を観察しました。そして節をなるべく減らしつつ、厚みがあって頑丈な素材に加工できるようにする方法を相談し、見いだしていったのです。

こうして県産のスギやヒノキを用いて完成したのが、子ども用の机や椅子です。これらを県内の小中学校に納品することで、県で採れた木材を県内のメーカーで家具に加工し、県の公共施設に納めるという理想的な地域連携の地産地消が誕生しました。これをきっかけに県産木材を使った家具生産に力を入れるようになり、公共施設だけでなく各家庭へ届けるため、子ども用家具ブランド「CODON」を立ち上げました。「こどん」は佐賀の方言で「子ども」の意味があり、県産木材の温もりとともに暮らす子どもたちがすくすく育っていくのをイメージし、ロゴや家具をデザインしています。

ここからさらに展開し、図書館の机と椅子や書棚、空港の商品棚など、佐賀県内のあらゆる場所へ、県産木材を使った家具を納めるようになっています。

また子ども用だけでなく大人が使うオフィス用家具ブランド「ROOT」も立ち上げ、佐賀県庁や佐賀市役所に県産木材を使った机や椅子を納品しています。

せっかく地場産業に従事しているのですから、地元の自治体と仲良くするのが正解です。そして問題点をきちんと共有するべきです。良好な関係を築くことで、困ったときに相談すれば助けてもらえますし、地域のなかで経済を回していくことに対して自治体側も協力的になってくれます。自治体の文句ばかりいう経営者の方もいますが、それはコミュニケーションが不足しているからそう感じるだけだと思います。

足繁く自治体に通ってみてください。自治体に掛け合う際のコツは、一つの部署だけにとらわれずいくつかの部署に打診してみることです。地場産業の相談窓口というと産業労働とか地場産業といった名前の部署がメインになりますが、ほかの課にも地場産業をサポートするメニューはいろいろそろえられているものです。

しかし自治体は縦割り組織であることが多く、横串を刺したような便利な案内サービスはないので、自分で情報を取りに行くしかありません。一つの課に何度も通ったのになかなか受理してもらえなかった提案が、ほかの課へ行ったらあっさり受理されることもあります。私も輸出に関しては国際課、公園にベンチをつくる企画を出したいなら土木課といったように、目的に応じて相談窓口を変えています。

地域で取り組むエシカルな活動

最近の企業の評価基準として、その事業規模や利益の多寡よりも、社会問題の解決に取り組んでいるかとか、環境に配慮し持続可能な経営に重きを置いているかといった点が、より評価されるようになっています。例えば就職活動においても、新卒者の希望就職先として、企業の規模や知名度よりも、持続的な社会実現に積極的に取り組んでいるかどうかを重視する傾向が出ているというデータもあります。社会や地球にどれだけ貢献できているかが、企業を評価する大きなファクターとなっているのです。

特にヨーロッパ圏ではもはや、企業のこのような取り組みは当たり前のものになっています。この事実は海外展開の際に何度も経験することになりました。家具の出来具合云々よりもまず、この素材は地球環境を破壊していない木材を使用しているのか、工場でつくる際の二酸化炭素排出量をきちんと把握し対処しているか、といった質問が商談の席で開口一番に出るほどです。地球にやさしい家具づくりをしていないところからは頑として買わない、という徹底した姿勢がうかがえました。

当然のことながら、社会や地球に悪い影響を与えている企業は地域に支持されません。私は常日頃からこの点を意識し続け、人と自然にやさしい、地域に応援され支えられる会社づくりを行ってきました。

最近ではサステナブル（持続可能）やエシカル（倫理的）といったワードがよく使われており、表層化し熟成しつつある概念ではありますが、多くの伝統産業は昔から人や自然に配慮した活動は行っているものと思います。だからこその伝統産業であり、地域に支えられ、長い歴史を積み重ねてこられたのです。

近年は気候変動が深刻化しています。その主要な原因となっているのが二酸化炭素やメタンなどの温室効果ガスと呼ばれるものです。そしてその温室効果ガスを多量につくり出しているのが、電気の供給や自動車の運転、大量生産に大量廃棄、森林の伐採など、すべて人間の営みによるものです。

温室効果ガスが地球の周りを多量に覆うようになってしまうと、宇宙に熱が逃げないため地球の温度が上がってしまいます。これによって気候に異常な変化が起こり、大雨や洪水、台風といった自然災害の回数が増えたり規模が大きくなったり、あるいは逆に雨や雪が減ってしまう地域が出たり、砂漠化が加速してしまったりします。人類の営みが人類に甚大な被害をもたらすという、自らの手で自らの首を絞めるような事態が現実に起きているのです。

地元の佐賀県内では、２０２２年に有明海の海苔が記録的な不漁となってしまい、19年続いていた生産量および販売量日本一の座から転落するという事態に見舞われました。雨が降らず山から十分な栄養が海へ流入してこなかった影響で、品質低下を招いたことが原因とされています。また２０２１年の夏に起きた記録的な豪雨による土砂災害で名尾手すき和紙の工房が被災し、臨時休業の末に移転することになってしまいました。

私たちが地球に行ってきた行為に対しての、強烈なしっぺ返しが絶えずどこかで発生しているのです。このまま何もせずに放置していたら、さらに地球の怒りを買ってしまい、異常気象がより頻発し、倒産に追い込まれる地場産業が増えるどころか、町全体が災害レッドゾーンに入ってしまい居住できなくなってしまうかもしれません。

私たちのこれまでの行いを見直し、企業一つひとつが、そして私たち一人ひとりが、より地球にやさしくなれる意識と行動を活発にしていく。これはもうきれい事でもなんでもなく、今すぐにみんなで具体的に取り組まなければならない問題なのです。

まずは私たちのような地域とともに成長してきた地場産業こそが、次代へ安全に事業を託すためにも、これまで以上にもっとエシカルな活動を発揮していこう。自分たちにできることから実践して、佐賀県が地球にやさしい地域のモデルとなれるように行動で示そう。そう決意し、佐賀県の伝統産業が集まった統一ブランド「SAGA COLLECTIVE」が、新型コロナウイルスで世界展開のスピードを緩めざるを得なかったとき、今できることとしてエシカルな活動により向き合っていくこととなりました。

まず私たちが目標としたのはカーボンニュートラルです。事業を通して排出される二酸化炭素発生量を限りなくゼロへと近づける宣言をしました。

私の会社で実践した二酸化炭素排出量削減策は電力の削減です。まずは工場内のすべての電球をＬＥＤ照明に取り替えることから着手しています。ＬＥＤ照明の電力消費量は白熱電球の３分の１ほどなので、これだけでも相当な削減効果が見込めます。導入に伴う費用はそれなりにかかりますが、なんといってもＬＥＤ照明は耐久性に優れています。長く使えてしかも電気代が抑えられるのですから、企業の将来にわたる収益性としても大きなメリットがある施策です。

もう一つ行った大きな削減策がデマンド監視装置の設置です。いわゆる消費電力の視覚化で、30分に1回電力の消費量が出力され、全従業員が確認できるようにしています。あらかじめ消費電力量の上限値をセットしておき、その値が近づいてきたら合図が送られ、エアコンを止めたり、2台動かしている機械の1台を停止したりといった節約を実践します。

ほかにもガソリン車から電気自動車へと切り替える、ソーラーパネルや風力など再生エネルギーを採用する、といった二酸化炭素排出を抑える環境設備に随時移行しているところです。SAGA COLLECTIVEではこの活動を定期的に報告し合い、どれだけの二酸化炭素発生量が削減できたか、そして次に私たちにできることは何があるかを、模索しています。

とはいえ事業の全工程で二酸化炭素排出ゼロにすることなど不可能です。電気や火を使う限り、そして人間が仕事に関わる限り、どうしても二酸化炭素は排出されてしまいます。そこで、排出される二酸化炭素を相殺する名目として新たに採用した取り組みがカーボンオフセットです。

私たちが実践しているカーボンオフセットは、排出分の二酸化炭素を吸収してくれるだけの森林を保全する活動です。佐賀県が保有する山林を購入し、私たちメンバーが自ら現地を訪れ、森林の状態を確認しています。間伐を行い、掃除を行い、植樹を行い、ついでに森林の中で食事を楽しみながら、私たちが排出している二酸化炭素を相殺してくれる木々を世話しているのです。

現在SAGA COLLECTIVEに加盟している12社のうち6社が実質カーボンニュートラルを達成しています。今後の展望としては、２０５０年までには、12社すべての二酸化炭素排出量が実質ゼロとなるように、さらに施策を練っている段階です。

この活動がより認知されていけば、ほかの企業や組合といったグループにも広まっていくと考えられます。広まれば広まるほど、佐賀県そして日本全体がより住みやすく、地球環境に貢献している場所として、より世界からの評価を上げていくはずです。私たちがその先陣を担えればと、常に最先端の情報を仕入れて、さらなるエシカルな活動に踏み込んでいきたいと考えています。

1社だけだとなかなかここまではできませんでした。自分のところだけ頑張ったところで仕方がないじゃないか、とある程度のところで諦めや妥協をしていたかもしれません。数社を巻き込んで、みんなでやるからこそ、とことん二酸化炭素ゼロを目指して取り組むことができています。

地球や人にやさしい活動の推進は、人手が足りない、お金が潤沢にないといったことを言い訳にして目を背けていいものではありません。特に地場産業の場合はより真正面から向き合うべきです。ここまで地場産業が栄えてこられたのは、地域に住む人々に加えて、山や森や土といった自然があってこそです。問題を放置し環境が悪化していけば、地域から人は離れてしまいますし、産業に必要な自然条件が失われ、事業存続が叶わなくなります。自然を守る活動を続けることは、地場産業を未来につなげていくための絶対条件なのです。

伸ばすべきは「競争力」より「共創力」

ある温泉街は観光客が年々増加する好景気のなかにあり、それぞれの温泉旅館が競争力を高めるため大型化と近代化を進めました。館内で飲食やお土産購入ができるようにし、一切外に出なくても満喫できるような機能を拡充していったのです。ところが、このような各旅館の囲い込みによって、地元の個人経営の飲食屋やお土産屋などの地場産業が廃れていき、街の魅力は一気に薄れてしまいました。その結果、各旅館にも足を運ぶ人が徐々に減っていき、経営難に陥るようになってしまったのです。

ライバルに負けじと、顧客を持っていかれないよう自社の競争力を高めようとするのは、経営指針として間違ってはいません。しかし地場産業に限っていえば、自分のところだけが良ければいいという発想だと、この温泉街のような悲惨な目に遭ってしまうのです。地場産業に集まる産業たちは、みんなで支え合い刺激を与え合いながら発展していくまさしく運命共同体です。自治体や地域の人たちも巻き込んで、手を取り合って事業を続けていく発想が必要となります。どんな時代にあってもこの発想は捨ててはいけません。

私の会社がある諸富はこの発想が定着しています。家具組合は仲がいいですし、家具メーカー同士でコラボして商品をつくったりもしています。海外を敵視するどころか、海外デザイナーを呼んで一緒に新作を発表したり、海外の職人に家具づくりを手伝ってもらったり、あるいは技術を伝授したり、手を取り合うことを大切にしています。さらには自治体とも頻繁に意見を交換して、地域のため、地場産業発展のために必要なことを一緒に探しています。

このような密なコミュニケーションやともにつくっていく共創スタイルこそが、地場産業がこの先も長く生き残っていくための根幹です。

鍵を握るのは地場産業に属する各社よりも、自治体のスタンスにあります。

自治体側の視点でいうと、地場産業を支え地域に人を集めるには、決定権のある人が頻繁に現場へ出て、地場産業の現状を把握することが肝心です。私の場合、決定権がある産業労働部の部長に現場を見にきてもらったり、組合などの定例会にも出席してもらったりするように働きかけています。

決定権がないポジションの人間に伝えたとしても、こちらの提案や企画は持ち帰られて、結局そのまま放置されてしまうのが関の山です。間接的なアピールでは私たちの熱意は伝わりませんし、前へと進む力はほとんど作用しません。

自治体の部長クラスは役場の中に引きこもるのではなく、積極的に現場へ出ていくべきです。役場の中だけで完結させて、地場産業の未来のためとうたいながら、的外れな施策を打つ自治体が多すぎます。なぜ後継者ができないのか、なぜ物やサービスが売れないのか、産地が抱える問題とその答えは、現場に出て初めて見えてくるものです。門前払いのようなことはせず、熱心な地場産業の人たちには、決定権のある人も熱意を持って耳を傾けていくべきです。

地場産業に携わる社長や幹部たちも、ともにつくっていく共創の精神でさまざまな場所へ顔を出してほしいです。社長の時間が取れないというのなら、信頼できる部下に足を運ばせ学ばせ、情報収集を行うべきです。今はオンラインでの会議もできるのですから、わざわざ現地に行く必要もなくなってきています。便利なツールは積極的に使っていくことが大切です。

ただ高齢の経営者や幹部たちのなかにはデジタルツールに抵抗がある人も多いのは確かです。私も苦手なので、息子や若い従業員に手伝ってもらっています。デジタル慣れしている若い世代に、このツールを使ってみたいんだけど、とこちらから相談していく姿勢を心がけています。

年齢を重ねてしまうとどうしても見栄やプライドが邪魔してしまい、人に素直に聞けなくなってしまいます。その姿勢を変えていかない限り、産業の現状を変えることはできません。言い換えれば、素直になり、周りや地域や自治体を頼ることで、あっさりと解決の糸口が見えてくることもあるのです。

コミュニケーションが叶える円満な事業承継

多くの地場産業が抱える最も切実な悩みが後継者不足です。これは1社だけの問題ではなく、地域全体の存続に関わる大きな問題です。後継者不足で廃業し、産業に関わる会社が減っていけば、地域連携も自治体との連携も成立しなくなってしまいます。

　地場産業ではなく全国企業のデータになりますが、帝国データバンクが2023年に実施した「後継者不在率」動向調査によると、「後継者がいない」または「未定」と答えた企業は、全体の53・9％にのぼっています。企業全体でこの数字ですから、地方の製造業や農業、観光業などを営む地場産業に限れば、さらに高い数値の後継者不在率を弾き出すことは想像に難くありません。

　私の知っている地場産業のなかにも、70代を超えた高齢者がトップにいて、事業を承継したいけれど後継者が見つからず頭を抱えている会社や、泣く泣く店を閉めたところもあります。また後継者候補はいても当代と折り合いがつかず、円満な事業承継に至れていないところもあります。あるいは複数人の後継者候補がいて対立や派閥争いが発生し、経営にまで悪影響を与えてしまっているといったケースも見聞きします。

　私の会社ではすでに事業承継計画を進めているところです。2025年に私が還暦を迎えるタイミングで、社長の座を長男へバトンタッチし、私は会長職に就くものの経営にはほぼノータッチとなる予定です。

これは私自身が27歳のときに父からバトンをしっかりと託された経験によるものです。社長を退いて以降、父が会社経営に介入することは一切なく、2代目である私は自分の思うように経営をさせてもらえました。だからこそ私も父と同じように、理想的な状態で事業承継を成し遂げたいと考えました。そのために前もって事業承継までの筋道を描き出し、父と同じように憂いなくバトンを渡すための準備を進めています。

私が父から受け継いだ事業承継の秘訣があります。

私は三兄弟の長男で、下に弟が2人います。父は幼い頃から私たち3人を軍隊の「陸・海・空」にたとえて教育しました。長男の私が陸軍で、真ん中の弟が海軍、末の弟が空軍、そして父が総司令官です。私は父の側近として付き添い、経営のイロハを学んで、ゆくゆくは会社を受け継ぐように教えられました。真ん中の弟は海軍のように遠方から援護射撃をする役目で、私や父のサポートをするように教えられました。末の弟は飛行機に飛び乗り世界の様子を自身の目で見て、吸収した情報を兄たちへ伝えるように教えられました。

父の一風変わった教育の結果、私は会社を継いで社長となり、真ん中の弟は常務として私の経営を支えてくれています。末の弟は世界を転々と飛び回り現在は台湾で家庭をもち飲食店を営んでいます。台北出店の際には多方面から支えてもらい、今も海外事情を収集しては私に共有してくれています。

教育熱心だった父は先々のことを見据えて、私たちが仲違いすることのないように、それぞれに役目を与えて教育してくれたのだと思います。父の狙いどおり「陸・海・空」の三役がそろい、お互い助け合ってきたおかげで会社の今日があります。

だからこそ私も３人の息子に、父と同じように長男から順に「陸・海・空」の役目を与える教育を施しました。次期社長の役目を担う長男は、家具づくりに活かすために家屋について学ぼうとハウスメーカーに就職しました。ただ、「早く一緒に働きたい」という本人たっての希望で、１年で退職し私の会社に入りました。

兄を支える役目を担った次男は高校卒業と同時に、先代である祖父（私から見て父）が開いた工房に入り、祖父の情熱と意思を受け継いで、生粋の家具職人としてものづくりに専念しています。次男の手掛けた創作家具はブランド「BLISS TIME」として販売し、会社の経営を支えています。また世界を飛び回る役目を担った三男は、オーストラリアに2年ほど留学したあとに帰国し、私の会社で経理やウェブ関連などの業務を担当しています。

現在は引き続き私の弟が常務で、長男は専務の職に就いています。ずいぶん前に事業承継の話をした際は、弟のほうから、私の息子が次期社長になるべきだ、と提案してくれました。

こうした円満な事業承継が行えているのは、たった一つのポイント、コミュニケーションの密度にほかなりません。父が私にことあるごとに経営者としての資質を叩き込んでくれた交流の時間が、今もなお良好な家族関係が築けている源泉となっています。

私は父と同じことを実践したに過ぎません。父が工場の仲間たちと楽しそうに仕事をしている姿や、父の運転するトラックに揺られ一緒に家具を卸しにいった時間、取引先との何気ない会話、あらゆるかけがえのないコミュニケーションが、次期社長としての私の自覚と能力を伸ばしてくれました。

同じように私も子どもたちとはコミュニケーションをできるだけ取ってきました。楽しく仕事をしている姿を見せたり、経営のビジョンや仕事の夢を話したりもしました。

また、長男には社長としての仕事を覚えてもらうため、あらゆる現場に付き添わせるようにしています。コミュニケーションに重点をおいた、いわばＯＪＴ方式での後継者教育です。加えて、私なりに広げてきた、取引先や組合、自治体、地域に暮らす人々やほかの産業、海外展開のなかで知り合った人や企業など、あらゆる人脈と後継者をつなぎ、コミュニケーションを通して関係を構築しています。こうした人とのつながりこそが財産であり、地場産業にとっては何よりも大事にしたいものです。

ただ社長業を見せて覚えさせるだけでは、後継者は育ちません。技術指導と同様に、やらせてみてこそ人は成長します。私も頻繁に長男から経営に関する意見をもらいますし、代わりに社長業をやってもらうこともあります。

時に意見の食い違いも発生しますが、お互い建設的な意見を出し合って、納得できる着地点に集約させるようにします。どうしても意見がまとまらないのであれば、将来譲る側である当代は、次代に譲る我慢の姿勢を見せることも重要です。次代の意見のとおりにやってみて、成果が出れば育ってきている証拠ですし、失敗なら反省し次への教訓としてもらい、社長としての資質を磨いてもらいます。

多くの後継者不足に悩んでいる企業は、コミュニケーションの絶対量が不足しているから、承継の前に立ちはだかる数々の壁を乗り越えることができていません。

私の会社の状態を知って、ほかの経営者から「息子が継ぐ気がないみたいで」といった類の相談を受けることがあります。そういったときはまず、私は後継者候補とサシで飲みに行き、コミュニケーションを図っています。父親には直接いえないことも、私には遠慮なくぶつけてくれます。そして後継者候補が抱えている課題の解決方法を一つひとつ提案していき、障壁を取り除いていくことで、事業承継ができるような状態へと持っていくことが叶うのです。

逆に社長となかなか反りが合わない後継者候補に相談されることもあります。そういうときも私が社長と話をするか、私の息子たちに社長に会いに行ってもらっています。

このように間に第三者が入りコミュニケーションを図ることで正直な意見を拾い上げることができ、社長と次代の担い手とのわだかまりが解消することもよくあります。

事業を継承させたい候補がいるのなら、密なコミュニケーションは絶対に欠かせません。伝統的な地場産業に携わる技術者には職人気質で寡黙な性分の人が多くいます。しかし技術は黙って見せて教えることができても、事業継承の手順は距離を近くしながらやっていかねば達成不可能です。直接やり取りするのが難しいのであれば、周りの信頼できる人に相談し、間に入ってもらいながらコミュニケーションを取ればいいのです。

事業承継の準備期間というのは、現社長でありバトンを渡す立場である経営者の気持ちを整理するための期間でもあります。承継したらすべてを任せる気持ちで、何の心配もないと思えるくらいに育てないといけません。そして自分が人生を賭して育ててきた会社についても、自信を持って託せる状態に仕上げておく必要があります。

また次代を担う後継者も、先代に譲らせたくなるくらいまで成長することを意識することが大事です。社長としての資質が足りないままでバトンを受け取ってしまったら、途端に経営が思うようにいかなくなり、代替わり直後に倒産という悲惨な目に遭ってしまいます。会社の資産だけでなく、思いや情熱というのも先代から受け取らなければなりません。時代に合わせて経営方針や商品コンセプトは変えられても、地場産業が成り立った根本の部分は決して変わることはありません。その根本を大切にしながら、バトンを受け取るようにします。

後継者不在は多くの地場産業にとって頭痛の種であり、すでに諦めモードで自分たちの代で事業を畳む予定のところも少なくないと思います。しかし脈々と培われてきた特有の技術を自分たちの代で終わりにしてしまうのは、日本や地域の未来にとって正しい選択とはいえません。地域の活力がより弱まってしまい、人口減少が加速しますし、地場産業を中心とした自治体の財政にも悪影響を与えてしまいます。

事業承継を諦めてしまうことは、地域全体の衰退を招くことに等しいということです。諦めずコミュニケーションを主軸とした事業承継計画をコツコツと遂行していけば、バトンを託す絶好のタイミングは必ず訪れます。組合や自治体など地域の力も借りながら、事業承継への挑戦を続けていき、これまでと変わらず地域に根付いた姿勢を続けていくことが大切なのです。

挑戦なくしてチャンスなし

地場産業には新しいことに挑戦するためのステージがすでに用意されています。地場産業ならではの立地の優位性がありますし、地域の産業や人々との相互支援の精神が育まれていますし、自治体の保護も手厚いです。大きな壁にぶつかって、自分一人の力ではどうにもならなくなっても、周りとの協力で必ずチャンスをつかむことができます。「挑戦なくしてチャンスなし」が私の信条です。チャンスが欲しければ、いつも挑戦を続けていく姿勢を貫きます。

私の会社は挑戦を続けてきたからこそ今があります。バブル不況の最中にあっても攻めの姿勢を崩さず自社商品をつくり続け、海外展開へと販路を拡大してきたから売上を伸ばすことができました。自治体へ何度も通って地場産業を盛り上げるための企画提案を続けたからこそ、地域の心を一つとした組織の設立に至ることができます。すべては挑戦し続けることから始まっているのです。

アメリカの代理店と契約して家具を輸出しようとした際、思わぬ壁にぶつかったことがあります。アメリカは許可された木材を使用していないと輸出が認められないルールがあります。北米産の木材を加工してつくった家具なのでスムーズに輸出できるかと思いきや、思わぬ誤算と出くわします。ベニヤ合板がアメリカの基準を満たしておらず、これを使っているキャビネットやＴＶボードは輸出不可と言われてしまったのです。なんとか許可を通してもらおうと懸命に交渉するのですが、まったく取り合ってくれませんでした。

これは諦めるしかないのか……、しかしそう簡単に引き下がれる私ではありません。直接交渉を重ねるのではなく、さまざまなところから情報をかき集めて、解決の糸口を探りました。

そこで思い出したのがピアノです。日本製のピアノにはベニヤ合板が使用されていますが、アメリカにも当たり前のように輸出されています。私の会社の商品はだめなのに、なぜピアノは大丈夫なのだろうか。不思議に思い、さっそく日本の有名なピアノメーカーを訪ね、アメリカに輸出可能なベニヤ合板を分けてくれませんか、と頼み込みました。

しかし「自社専属のものでやっているので」と断られてしまいました。

いよいよ八方塞がりかと思いましたが、それでも私は諦めませんでした。ピアノに使っているものと同等品のベニヤ合板を扱っているところはないかと必死に探したところ、なんと諸富町に扱っている業者があったのです。その業者に聞き込みすると、インドネシアにアメリカの基準を満たすベニヤ合板があるという情報がつかめました。すぐに現地工場と契約を交わし、基準を満たした家具をつくることが叶い、無事アメリカへの輸出が可能となったのです。

紆余曲折がありましたが、一度解決してしまえば以降の取引は非常にスムーズに進み、アメリカへの輸出は順調そのものです。最初の壁は高かったですが越えてしまえばあとは平らな道といったところです。乗り越えたときの達成感はひとしおですし、この経験が自信となって次への挑戦へとつながります。

しかしまさか、喉から手が出るほどほしかったベニヤ合板を扱っている業者が諸富町にあるとは、灯台もと暗しとはまさにこのことでした。地元諸富が長く家具産業として栄えていたことに助けられたわけで、改めて地場産業の強みを感じられる出来事でした。

諦めの悪さ、挑戦し続けることにかけては、私は誰よりも抜きん出ていると自負しています。「解決する方法が一つもない、ということはない」というのが私の経験からいえることです。人間とは不思議なもので、情熱をもってとことん物事に向き合っていれば、いろいろなアイデアが生まれ、行動するエネルギーがわいてくるものです。その情熱や思いの強さを誰よりも持ち、先頭に立って動くべきは当然トップにいる社長です。これからも探究心を忘れず、社長としてのあり方を貫いていきます。

おわりに

明治の初め、日本の伝統ある地場産業に大きな転機が訪れます。

開国とともにヨーロッパの技術が渡来し、機械の大量生産による安価なものたちが市場を占めようになり、日本の伝統工芸は窮地に追い込まれてしまいました。ライフスタイルの洋風化によって、需要が減った産業もたくさんありました。

しかしその一方で、日本の職人たちによる手づくりの工芸品が海外の博覧会で絶大な評価を受け、日本古来の伝統産業を守っていく気運が高まるようにもなりました。産業の回復と発展を目的として政府は国内で博覧会を頻繁に開催し、陶磁器や漆器、農作物や織物、家具などの伝統工芸品が国内外問わずたくさんの人たちの目に触れるようになります。産業技術を扱える人材を育てる教育機関が初めて設立されたのもこのころだそうです。

国が一丸となって、日本の由緒ある伝統と技術を支えていこうという姿勢の芽生え、これがあったからこそ、高い技術力を有する地場産業は生き残り、いまもなお繁栄する伝統産業として各地に定着しているわけです。

現代もちょうど、このときと同じような局面にあると感じています。人口が減り、需要も変わり、グローバル化で世界が競合となり、地場産業は自分たちだけではどうにもあらがえない差し迫った事態に直面しています。

しかし地場産業の積み上げてきた伝統と技術に変わりはありません。明治時代がそうであったように、自分たちの技術を信じ、国や自治体と手を取り合って、この窮地を乗り越えていければ、地場産業の未来は必ずや明るくなります。

国は変えられないが、佐賀は変えられる。

そう確信し、一企業にとらわれず、地域や他業種とのつながりを大切にし、佐賀の未来のため東奔西走の真っ最中なのが私の現在地です。点が孤独なまま散在しているのではなく、点と点がつながり合って、オール佐賀でやっていくことで、地場産業は活気付いていくと信じ、幅広く活動しています。

都道府県魅力度ランキングでいつも下位にいる佐賀県ですが、いいものはたくさんあります。知られていないだけなので、地域の力を借りて、認知度を上げていく工夫を凝らしていきます。ブランド設立やエシカルな取り組みなど、私たちの活動が少しずつ認められ、さらに仲間も増えていけば、佐賀県の魅力を知ってもらえる機会はより増えていきます。観光客や定住者が増加し、魅力度ランキングを一気に駆け上がる、そんな未来が待っていても不思議ではありません。

私は、地場産業とは地域に貢献する産業のことをいうのだと思っています。

思えば私の父も常に地域貢献を大切にしてきました。自分のことよりも、すぐ隣にいる仲間たちのことを第一に考えて次の行動を決めていました。その思想は私にも受け継がれ、家族や従業員たちにも伝えていっています。

自身の事業のことばかり考えた経営よりも、地域のことや環境のこと、あるいは国のことといったように、大きな視点で考えている地場産業ほど、周りからたくさんの人が集まり、応援してもらえ、長く繁栄することができます。大きな視点で経営する地場産業が増えれば増えるほど、「地場産業の衰退」といった見出しを新聞やテレビのニュースで見かける機会は減っていくと確信しています。

２０２５年に私は長男に事業を承継し、会長職には就くもののほとんどの経営的業務から離れていくつもりです。その後に私がやりたいと思っているのは、人を育てるプラットホームです。ものづくりから人づくりへと舵を切ります。

地域に対して貢献の気持ちを持って活動してくれる人をたくさん育てたいです。地域への熱い想いが、自分への幸せとなって返ってくることを、私を生き証人として伝えていきたいです。そしてそんな人が増えれば増えるほど、より地場産業は強くなり、関わる人たちも幸せになっていくはずです。

まだあくまで予定の話ではありますが、これもまた、私にとっての地域への貢献であり、幸せの拠り所です。

この本もまさにその想いから生まれました。地場産業に関わる方の意識や想いがこの本をきっかけに変化して、最先端をいく地場産業が続々と生まれ、関わる人たちがみな幸せに、１００年先も続いていくことを、心より願っています。

樺島雄大（かばしま たけひろ）

レグナテック株式会社　代表取締役社長。
諸富家具振興協同組合理事長。佐賀県を代表する地場産業や伝統産業の異業種12社からなるSAGA COLLECTIVE 協同組合理事長。1965年生まれ、佐賀県諸富町（現・佐賀市）出身。日本を代表する家具産地の大川とともに発展してきた諸富を拠点とし、伝統と革新を融合させた家具製造を牽引している。創業者の息子として入社して以来、さまざまな社内改革に着手し、社長就任後は下請け中心のビジネスモデルから脱却、自社ブランドを確立した。また、海外市場への積極的な展開により、高品質の家具メーカーとして国際的な認知度を高めた。さらにはラオスでの人材育成事業や地元、佐賀での地域貢献活動にも力を注ぎ、社会への貢献を続けている。

本書についての
ご意見・ご感想はコチラ

世界的家具ブランドを確立した小さなメーカーの生き残り戦略
進撃の地場産業

2024年10月31日　第1刷発行

著　者　　　樺島雄大
発行人　　　久保田貴幸

発行元　　　株式会社 幻冬舎メディアコンサルティング
〒151-0051　東京都渋谷区千駄ヶ谷4-9-7
電話　03-5411-6440（編集）

発売元　　　株式会社 幻冬舎
〒151-0051　東京都渋谷区千駄ヶ谷4-9-7
電話　03-5411-6222（営業）

印刷・製本　中央精版印刷株式会社
装　丁　　　弓田和則

検印廃止

Printed in Japan
ISBN 978-4-344-93711-6 C0034
幻冬舎メディアコンサルティングＨＰ
https://www.gentosha-mc.com/